The Urban and Architectural Designs of Zhengdong New District

郑东新区城市设计与建筑设计篇

郑州市郑东新区
城市规划与建筑设计(2001~2009)
Urban Planning and Architectural Designs
for Zhengdong New District of Zhengzhou(2001-2009)

○主编：李克
○编著：郑州市郑东新区管理委员会、郑州市城市规划局
○Editors in Chief: Ke Li
○Compiler: Zhengzhou Zhengdong New District Administration Committee, Zhengzhou Urban Planning Bureau

图书在版编目（CIP）数据

郑州市郑东新区城市规划与建筑设计（2001~2009）4.郑东新区城市设计与建筑设计篇/李克主编；郑州市郑东新区管理委员会，郑州市城市规划局编著.-北京：中国建筑工业出版社，2009
 ISBN 978-7-112-10972-2

I.郑… II.①李…②郑…③郑… III.城市规划-建筑设计-郑州市-2001~2009 IV.TU984.261.1

中国版本图书馆CIP数据核字（2009）第079338号

责任编辑：滕云飞　徐　纺
版式设计：朱　涛
封面设计：简健能

郑州市郑东新区城市规划与建筑设计（2001~2009）4.郑东新区城市设计与建筑设计篇

李克　主编
郑州市郑东新区管理委员会，郑州市城市规划局　编著

*
中国建筑工业出版社出版、发行（北京西郊百万庄）
各地新华书店、建筑书店经销
恒美印务（广州）有限公司　制版　印刷
*
开本：850×1168毫米　1/12
印张：23 $\frac{1}{2}$　字数：700千字
2010年6月第一版　2010年6月第一次印刷
定价：235.00元
ISBN 978-7-112-10972-2
　　　（18216）
版权所有　翻印必究
如有印装质量问题，可寄本社退换
（邮政编码　100037）

前言
Forword

一

郑州，一座有着 3600 多年历史文化积淀的古都，"商汤都亳"曾是商初时期的天下名都，是中国"八大古都"中年代最久远的城市。

郑东新区，一个现代城区建设的杰作。自 2003 年开始启动建设至今，这里发生的巨变令人惊叹。走近郑东新区，感受到的是一座充满活力的新城，一股蓬勃向上的气势，一种优美舒适的生态体验。柔美的环形城市布局，蔚为壮观的高楼大厦，亲水宜人的秀美景观，充分展现着这座新城积极向上的发展活力与深厚的历史人文魅力。

郑东新区正在日新月异的发展和成长之中，在这背后，高起点、高标准、高品位的城市规划与建筑设计为郑东新区织就了美好的蓝图，而对规划设计成果的严格执行，是郑东新区从蓝图走向现实的关键所在。规划设计是开发建设的龙头，郑东新区的开发建设是充分尊重规划设计、严格执行规划设计的经典案例。

二

众所周知，郑东新区规划面积大，建设成效显著，为河南这个人口大省加快城市化进程，促进经济社会发展、提升城市形象等发挥了重要作用。毫不夸张地说，郑东新区的规划建设，使郑州实现了从城市向大都市的质变。同时，由于郑东新区发展背景具有中国特色，规划设计理念新颖，这些也引起了规划学界的高度关注，引发了众多针对郑东新区规划设计的分析和研究。但是，我们也注意到了其中存在的一个不足，即大部分研究将精力集中于一个具体的规划或设计，而鲜有系统、完整地介绍整个郑东新区规划设计的论著，我们认为，这项工作对于更全面、更客观的认识郑东新区规划设计是十分重要的。

基于以上认识，本书选择郑东新区规划设计作为研究对象，做一项专门的城市规划设计案例研究。为了使读者可以清晰地看到郑东新区规划设计的完整程序，看到郑东新区从蓝图变成一座现代化新城的脚印。本书从郑东新区的发展背景出发，沿着城市规划不同层次的轨迹，从总体概念性规划、专项规划、商务中心区规划、城市设计与建筑设计、总体规划局部调整等多层面、多维度对郑东新区规划设计进行剖析。这其中又包含了两条主线，一是对已经实现的规划设计进行分析、研究，以验证规划设计理念是否先进，规划设计是否合理，并对这些成功经验进行总结；二是也希望通过对规划设计的分析、研究，发现其中存在的问题和不足，提出完善的对策或建议。

由于河南省正处于处于城镇化快速推进阶段，郑东新区的建设更是日新月异，方方面面的城市问题不断涌现，各种探索仍需不断深化。有些在今天看来先进的规划理念，随着技术的进步，也许会逐渐滞后；有些今天看来优秀的规划设计，也许会随着时间的推移而产生新的问题。同时，由于能力有限、时间紧迫，本书仍难免有疏漏或不足之处，希望读者谅解，并恳请读者提出宝贵意见和建议。

尽管如此，这样一部系统全面的介绍、分析郑东新区规划设计成果的著作，无疑是一项具有重要意义的工作。它具有一定的学术性、权威性，具有较强的学习和参考价值。

三

为了编好这本巨著，郑州市、郑东新区管委会相关领导曾多次关心编写工作的进程，主编单位调动了一切可以动用的资源，组成了阵容强大的编委会。编委会对全书的总体结构、编写体例等进行了反复的讨论和研究。如今，这套《郑州市郑东新区城市规划与建筑设计》系列丛书终于呈现在广大读者面前。

整套系列以丛书分为 5 个分册，分别是：郑东新区总体规划篇、郑东新区专项规划篇、郑东新区商务中心区城市规划与建筑设计篇、郑东新区城市设计与建筑设计篇、郑东新区规划调整与发展篇。

本书可以作为郑东新区规划管理者的重要参考资料；可以作为规划设计人员的学习、参考资料；同时，也是所有关心支持郑东新区规划和发展的广大市民了解郑东新区未来的窗口。

在本书问世之际，谨向所有关心、支持本书编写与出版工作的单位和个人表示诚挚的谢意！特别要衷心感谢对本书提出了宝贵意见的领导和专家！没有大家的共同努力，是不可能有这样一部详尽的介绍郑东新区规划设计的著作问世的。

丛书编委会

主 编

李 克

副 主 编

王文超　陈义初　赵建才

委 员（以姓氏笔划为序）

丁世显	马懿	牛西岭	王福成	王广国	王鹏
祁金立	张京祖	张保科	张建慧	吴福民	李建民
李柳身	范强	陈新	康定军	穆为民	戴用堆
	魏深义				

执行主编

王 哲

执行副主编

周定友

编辑人员（以姓氏笔划为序）

丁俊玉	马洲平	王秀艳	王尉	毛新辉	史向阳	卢璐
孙力如	孙晓光	刘大全	刘新华	刘俊	刘艳中	全壮
关艳红	邵毅	李召	李彦	李利杰	陈国清	陈丽苑
陈群阳	陈浩	何文兵	张泉	张须恒	张春晖	张春敏
岳波	周敏	周一晴	赵谨	赵志愿	赵龙梅	胡诚逸
段清超	徐雪峰	袁素霞	柴慧	贾大勇	程红	翟燕红

编 著

郑东新区管理委员会　郑州市城市规划局

建筑摄影

中国摄影家协会　河南省摄影家协会会员　摄影家

武郑身　崔鹏　（协助摄影　刘天星）

英文翻译

郑州大学外语系　郑明教授

目录 contents

前言
Foreword

第一部分 Part I — 城市设计 Urban Design

1. 运河两侧城市设计 005
   Urban Design for Banks of the Canal

2. 河渠景观规划设计 034
   Planning and Design of the canals landscape

3. 起步区、龙子湖区桥梁设计 046
   Design of Bridges in the Start-up Area and Longzi Lake Area

4. 国家森林公园规划设计 071
   Planning and Design for National Forest Park

5. 道路景观规划设计 090
   Streetscape Planning & Design

第二部分 Part II — 建筑设计 Architectural Design

1. 行政办公建筑 117
   Administrative Office Buildings

   中石化河南石油分公司办公楼 118
   Sinopec Oil office Building, Henan Branch

   河南鑫地科技广场 120
   Henan Xindi Science and Technology Plaza

   郑州市市政工程勘测设计研究院办公新区科研综合楼 122
   Scientific- research Complex Building of Zhengzhou Municipal Engineering Design & Survey Institute

河南省交通厅高速公路联网中心综合楼 ... 124
Complex Building of Expressway Networking Centre of Henan Transportation Department

河南省地质博物馆综合楼 ... 126
Complex Building of Henan Geological Museum

河南省郑州市中级人民法院 ... 130
Intermediate People's Court of Zhengzhou City, Henan Province

煤炭工业郑州设计研究院办公楼 ... 135
Office Building of Zhengzhou Coal Industry Design & Research Institute

郑州国家干线公路物流港综合服务楼 ... 136
Complex Service Building of Zhengzhou National Arterial Highway Logistics Hub

郑东新区管理服务中心 ... 138
Management Service Centre of Zhengdong New District

河南省疾病预防控制中心 ... 140
Henan Disease Prevention and Control Center

河南出版集团 ... 142
Henan Publishing Group

中南时代龙广场 ... 146
South-China Times Square

2. 医疗卫生建筑 ... 148
Medical and Hygienic Buildings

郑州颐和医院门急诊医技楼 ... 149
Outpatient & Emergency Buildings of Zhengzhou Yihe Hospital

郑州友谊医院医疗综合楼 ... 152
Medical Complex Building of Zhengzhou Friendship Hospital

3. 商业金融建筑 ... 154
Commercial & Financial Construction

宝龙郑州商业广场 ... 155
Baolong Zhengzhou Commercial Plaza

澳柯玛(郑州)国际物流园区 ... 158
Aokema (Zhengzhou) International Logistics Park

华丰国际装饰物流园（一期） ... 162
Owen International Decorative Logistics Park

郑州市中博物流俱乐部 ... 164
Zhongbo Logistics Club, Zhengzhou

漯河大厦 ... 166
Luohe Building

郑州红星美凯龙国际家居广场 ... 168
Red Star Macalline International Household Plaza, Zhengzhou

中国大唐河南分公司生产调度大楼 Production Management Building, Henan Branch, China Datang	170
永和国际广场 Yonghe International Plaza	172
王鼎国贸 Wangding Internatioal Trade	174
郑东新区大酒店 Grand Hotel of Zhengdong New District	176

4. 教育科研建筑 — 178
Education and Scientific research Buildings

北大附中河南分校外国语小学 Foreign Language Primary School, Henan Branch of The Affiliated High School of Beijing University	179
河南省实验学校郑东中学 Zhengdong Middle School of Henan Experimental School	184
河南省实验学校郑东小学 Zhengdong Primary School of Henan Experimental School	187
河南广播电视大学 Henan Radio and TV University	191
河南职业技术学院 Henan Vocational- Technical College	193
郑州航空工业管理学院 Zhengzhou Aviation Industry Management College	195
华北水利水电学院 North China Institute of Water Resources and Hydropower	200
河南中医学院 Henan Traditional Chinese Medicine College	204
郑州广播电视大学 Zhengzhou Radio and TV University	206

5. 文化娱乐建筑 — 208
Culture and Entertainment Constructions

世界客属文化中心 World Hakka Cultural Centre	209
郑州市图书馆新馆（郑州市市民文化中心） New Library of Zhengzhou	212

6. 居住建筑 — 216
Residential Buildings

龙湖花园 Longhu Garden	217
联盟新城 Metro League	221
中凯·铂宫 Platinum Palace in Kenema	226
德国印象 Germany Impression	230
温哥华广场 Vancouver Plaza	232
中义·阿卡迪亚 Zhongyi Arcadia	234
顺驰中央特区 Shunchi Central Region	238
大地·东方名都 Dadi · Famous Oriental Capital	240
兴东·龙腾盛世 Xingdong · Time of Prosperity	242
立体世界 Tridimensional World	244
国龙水岸花园 Guolong Shui'an Garden	248
盛世年华 Prime Age of Prosperity	250
建业资园小区 Jianyeziyuan Residential Quarter	252
中信嘉苑 CITIC Jiayuan	254
民航花园 Civil Aviation Garden	256
绿城百合公寓 Greentown Lily Apartment	258
顺驰第一大街 Shunchi First Street	260
运河上·郡 County along the Canal	262
龙岗新城 Longgang Metro	264

7. 市政基础设施 — 266
Municipal Infrastructure

郑东新区电网运检基地 — 267
Power Grid Operation and Testing Base in Zhengdong New District

郑州电信枢纽楼 — 269
Zhengzhou Telecommunication Hub

后记
Postscript

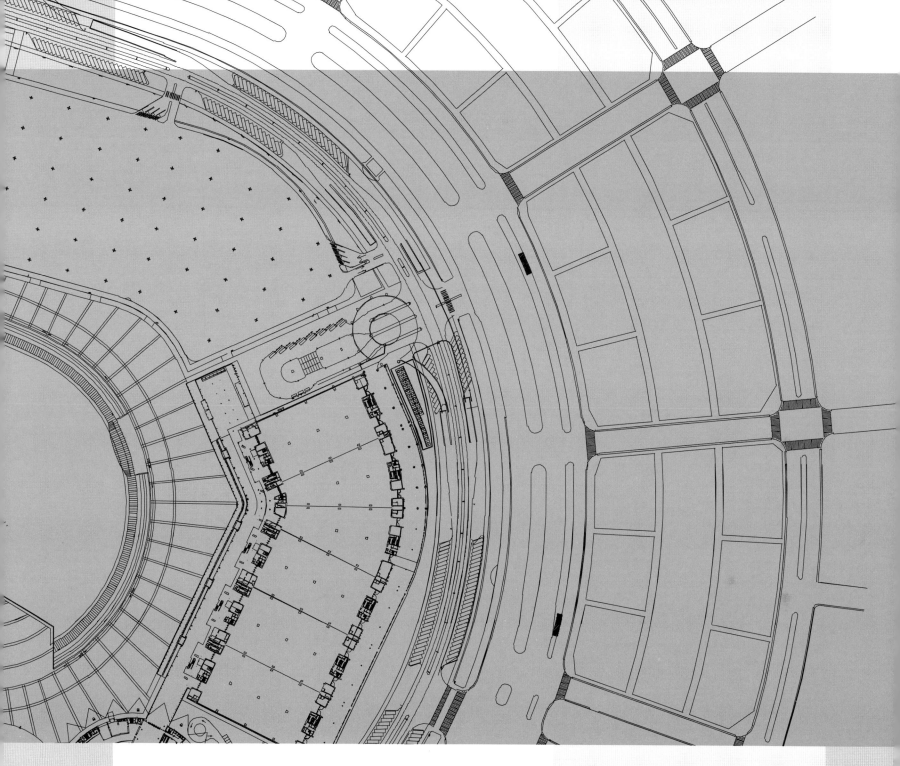

城市设计

第一部分
Part I

Urban Design

第一部分 Part I

城市设计
Urban Design

005 运河两侧城市设计
Urban Design for Banks of the Canal

034 河渠景观规划设计
Planning and Design of the canals landscape

046 起步区、龙子湖区桥梁设计
Design of Bridges in the Start-up Area and Longzi Lake Area

071 国家森林公园规划设计
Planning and Design for National Forest Park

090 道路景观规划设计
Streetscape Planning & Design

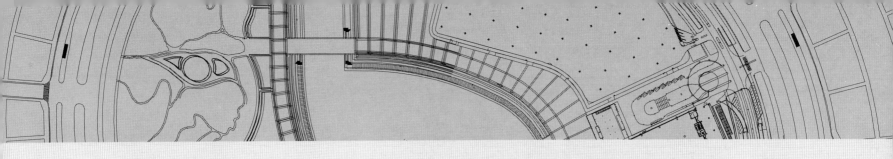

运河两侧城市设计 　1
Urban Design for Banks of the Canal

南京大学建筑学院方案
The plan of Nanjing University

清华大学建筑学院方案
The plan of Tsinghua University

运河两侧城市设计
Urban Design for Banks of the Canal

委托单位：郑州市郑东新区管理委员会
设计单位：南京大学建筑学院
项目负责人：丁沃沃 冯金龙
主要设计人员：侯博文 王蕾蕾 胡巍 李景文 李祺
　　　　　　朱毅 王端 徐岩 陈曦 麦向优

1. 项目背景

1.1 项目缘起

为了更好地实施黑川纪章的规划方案，保证城市建设能严格按照规划落实，塑造郑州市国家区域性中心城市的形象，提高城市规划设计水平，创造富有特色的城市街道景观，南京大学建筑学院承担了郑州市郑东新区南北运河两侧的城市设计工作。通过对该区进行相关调研与分析，结合日本黑川纪章都市设计事务所编制的该区规划设计方案《郑州市郑东新区龙湖地区"如意形"范围城市设计导则》，对新区南北运河（黄河东路至CBD副中心）及两侧总用地面积约136hm²的地区进行了整体研究与城市设计。

1.2 区位环境

1.2.1 区域环境

郑州地处中原腹地，九州之中，位于东、中、西三大经济结合部，在全国经济发展格局中具有承东启西、贯通南北的重要作用，区位优势独特。

郑东新区位于郑州老城区的东部，总规划用地面积等同于现有郑州市面积，以迁建的原郑州机场为起步区，西起107国道，东至京珠高速公路，南自机场高速公路，北至连霍高速公路，概念规划范围约150km²。

1.2.2 历史文化环境

郑州是一座有悠久历史的城市。早在8000年前，这里就是商王朝的都城。后有夏、商、管、郑、韩5朝为都，隋、唐、五代、宋、金、元、明、清8代为州，这表明郑州地区在历史上相当长时期内是国家的政治中心。

1913年，民国政府改郑州为郑县，隶属开封道。1928年3月18日至1931年1月13日设立郑州市。1954年，河南省省会由开封迁至郑州，郑州成为全省的政治、经济、文化中心。

1.2.3 自然环境

该地区属北温带大陆性气候，年平均气温14.3℃，平均降水量640.9mm。这里四季分明，一年中7月最热，平均气温27.3℃，1月最冷，平均气温0.2℃。

1.2.4 社会环境

按照1998年国务院批复的《郑州城市总体规划（1995年至2010年）》的要求，郑州市区人口发展长远目标为500万~600万，城市化水平达70%~80%。目前，郑州中心城区规模偏小，而且受陇海、京广铁路交叉分割，拓展空间受到制约，与近亿人口大省省会城市的地位和建设全国区域性中心城市的目标远不相适应，因而必须寻求新的发展空间，按照21世纪国际现代化城市的功能要求对省会郑州总体规划进行完善、修编，这是规划郑东新区的主要背景。

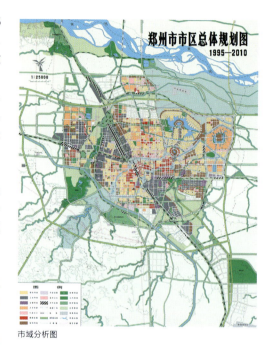

市域分析图

省际分析图

郑州市是河南省省会，位于河南省中部偏北，东经112°42'--114°14'，北纬34°16'--34°58'，北临黄河，西依嵩山，东南为广阔的黄淮平原。郑州是中华民族的发祥地之一，早在3500年前这里就是商王朝的重要都邑，首有夏、商、管、郑、韩5朝为都，隋、唐、五代、宋、金、元、明、清8代为州，这表明郑州地区在历史上相当长时期曾是国家的政治中心。

省域分析图

郑州地处中州腹地，九州之中，十省通衢，位于全国东、中、西三大经济带的结合部，在全国经济发展格局中具有承东启西、贯通南北的重要作用，区位优势独特，作为新来欧大陆桥中国段最主要的中心城市之一，更具有广阔的发展前景。

市域分析图

1.3 城市设计依据

《郑州市郑东新区龙湖地区"如意形"范围城市设计导则》中的规划原则与建议是本次城市设计的重要依据。

1.3.1 响应上位规划，延续其核心理念

突出城市肌理中的"如意"造型，使之成为城市的标志形象。在此基础上提出既与上位规划成果有效衔接，同时又对未来适度前瞻；既能达到国际水准又有利于操作，务实高效的具有整体连贯性的规划设计成果。

1.3.2 深入规划，大力开发，节约用地

运用现代技术和跨学科方法展开用地规划研究，对规划用地的性质和建设控制指标进行深入规划和适当调整，既尊重上位规划的原则和理念，又符合城市发展和地块实际情况。保证开发总量，深化和完善功能构成，以规范开发行为，促进城市的良性发展；强调城市规划在城市发展中的宏观调控和综合协调作用。

1.3.3 创造多层次的自然景观和人文景观

分析和评价文化和生态景观资源，发掘城市的文化内涵，使该区域成为融生态地景特色、人文浸染和休闲娱乐为一体，景色优美、内涵丰富、出行便捷、设施齐备的既造福郑州百姓又具有区域、国内、国际辐射力的新城区建设过程中的重要节点和纽带。

1.3.4 促进新城区的可持续发展与和谐发展

贯彻建设资源节约型和生态保护型社会的原则，充分考虑资源与环境的承载能力，提高资源利用效率，形成有利于节约资源、减少污染的城市发展模式，实现城市的可持续发展。"和谐"的含义有两方面：一是正确处理城市化与资源环境的矛盾，与自然环境及生态系统保持和谐稳定；二是在本规划设计范围内大力开发的同时，通过合理制定开发总量，完善功能构成来保证与周边地块的和谐发展。

1.4 项目规划范围

郑东新区南北运河（黄河东路至CBD副中心）及两侧步行道的道路红线以外各向东西至如意路、如意西路，全长约3.7km²。总用地面积约136hm²。

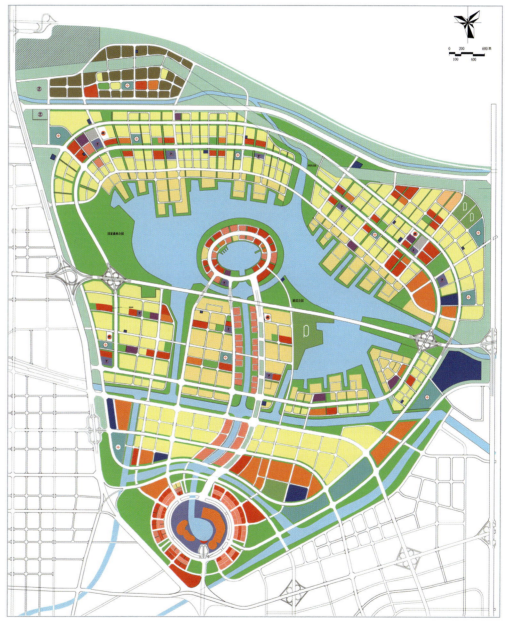

上位规划

2 规划分析

2.1 在总体规划中所处的位置及现状

该设计区域连接了新城中心区和龙湖城心区，共同形成城市肌理中的"如意"造型，是新城规划方案的精髓所在。

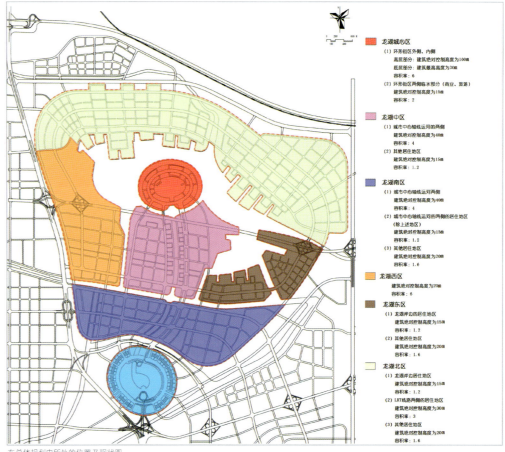

在总体规划中所处的位置及现状图

2.2 交通分析

设计区域的东侧边界如意路为连接新城CBD和龙湖城心区的主要道路，并且沿途布置有轻轨站点。区域北侧边界道路为连接洛阳和开封的洛开高速路。横穿设计区域的东风东路是联系新城与老城的主要道路。

交通分析图

2.3 水域分析

在黑川纪章的规划中，水体现了中国传统文化。本设计区域中的南北运河联系了龙湖水域与CBD的中心水域，成为水域直接贯通南北的通道，并在水域上形成"如意"形，并且构成城市轴线，从而使这一区域既成为郑东新城的经济中心轴，又成为其文化中心带。

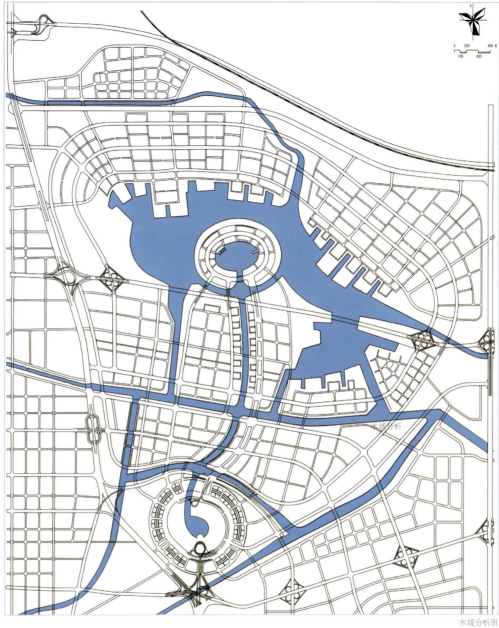

水域分析图

2.4 各项控制指标

根据《郑州市郑东新区龙湖地区概念规划深化最终成果》（2002年），该区域建筑用地主要为商业、办公和酒店式住宿的混合用地；容积率控制在4.0；建筑限高40m；容许酒店式住宿的建筑面积431.70万m^2，公建建筑面积77.42万m^2。

各项控制指标

2.5 GIS分析

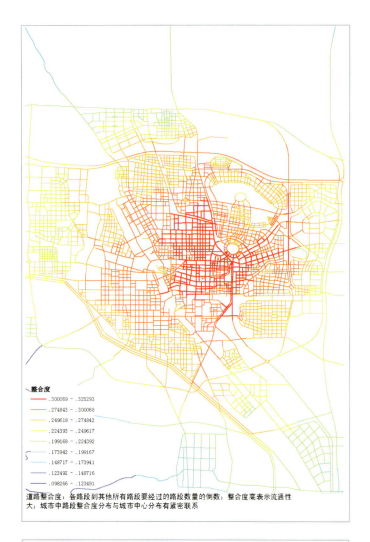

道路整合度：各路段到其他所有路段要经过的路段数量的倒数；整合度高表示流通性大；城市中路段整合度分布与城市中心分布有紧密联系

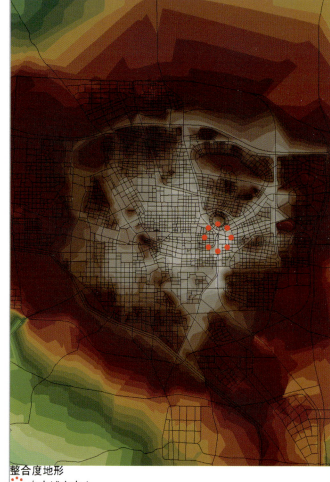

整合度地形
未来城市中心

道路整合度：各路段到其他所有路段要经过的路段数量的倒数；整合度高表示流通性好；城市中路段整合度分布与城市中心分布有紧密联系

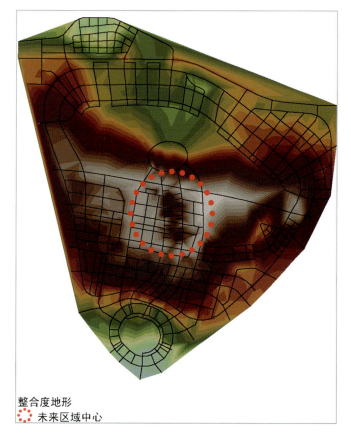

整合度地形
未来区域中心

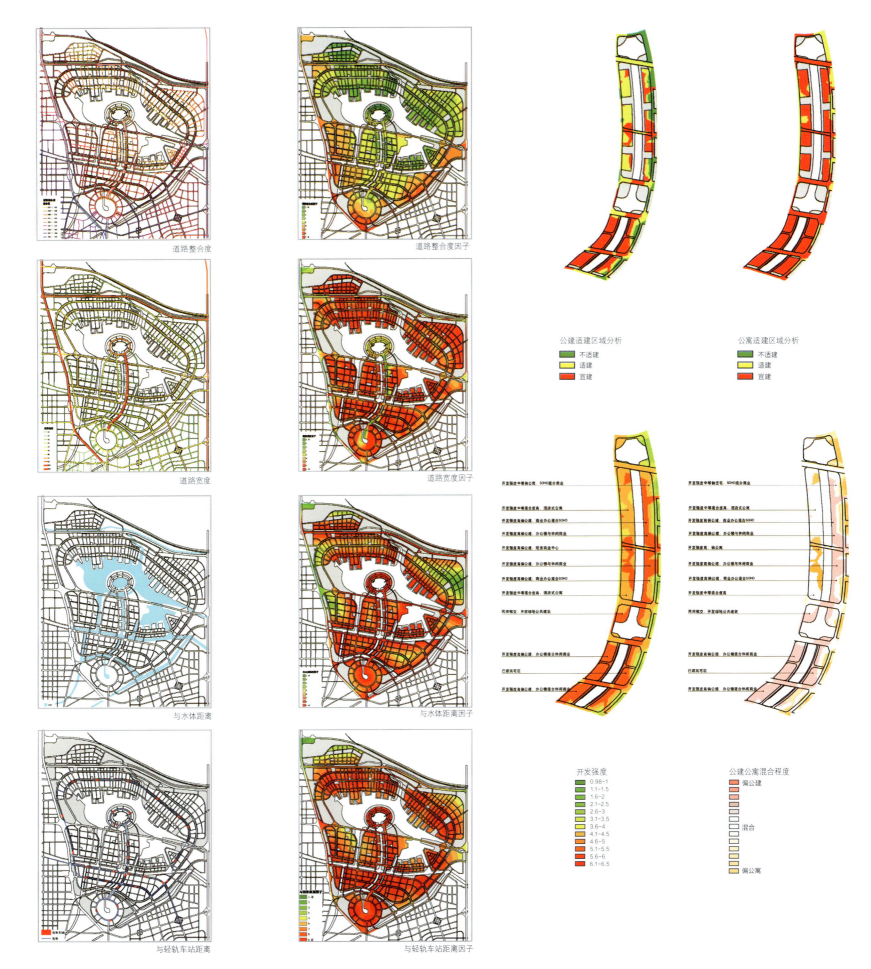

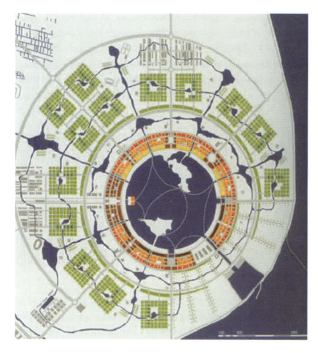

3.1.2 印第安纳波利斯中心河滨改造工程

该项目的特色在于其景观节点的设计。将长约 14.49km 的早已废弃的白河沿岸的土地改造成统一的城市开放空间，连接周围城区。规划设计了一个城市公园体系，长 15km 的白河穿市区而过形成一条城市走廊，白河两岸的公共步道联系起市中心的街网系统，延续商业娱乐功能，而在重要节点处设置的公共开放空间又连接起滨河步道与周围街区。其模式为：公园体系——滨河步道——周围街区沿河布道——市中心街网系统——商业娱乐功能。

案例分析

项目特色在于其**混合用地性质**设计

- 100% 服务业
- 60% 服务业　40% 办公
- 40% 居住　30% 服务业/办公
- 50% 服务业　50% 办公
- 100% 办公
- 15% 服务业　85% 居住
- 100% 居住

3 规划的性质、总体思路与开发步骤

3.1 相关案例分析

3.1.1 上海临港新城规划

临港新城主城区是新城集中体现滨海都市美丽和活力，展示新世纪城市建设水平和都市生活环境质量的标志性地区。总面积 74.1km²，其中城市建设用地 36.3km²。规划以滴水湖为核心，集中了临港新城的主要市级公共服务设施和城市居住区。主城区空间布局是以滴水湖为核心的典型的"田园城市"的布局模式。城市的骨架道路和功能区同时以环状和放射状的形式向外扩展,形成以滴水湖为核心的"水中涟漪"扩散的空间布局特点。

案例分析

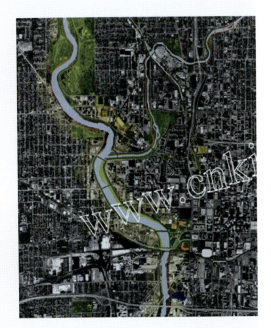

3.1.3 浙江省台州市滨水景观设计

该项目的特色在于其注重滨水景观的设计。发挥了区内自然河道的优势，充分利用现有水系构筑生动的滨水景观。以现有水系形态作为各个区块的分界，充分体现"山水园林"的城市特征。南北双向折线形河流围合，规划显示半岛式特征，其城市设计可看出，滨水半岛是公共文化商贸区，具有区域心脏功能，与生态绿地结合创造自然风格岸线。

3.2 城市设计定位

南北运河及两侧区域是郑州市西南至东北政治、经济、文化轴线的延伸，本规划范围内地段的定位是联系南北两个城市中心的纽带，为了确保将南部CBD及北部CBD副中心的城市空间推向最高潮，

本规划范围应规划设计为两个中心之间平滑过渡的部分。既不喧宾夺主，又富有自身特色。建设完成后应当起到完善城市功能布局的作用，也将与南北两个城市中心同构成富有郑州特色的城市空间结构。

3.3 总体思路

综合考量本规划设计范围及郑东新区在城市功能、结构中的定位及其建设完成后将产生的巨大影响，本方案组经过实地调研和深入解读上位规划，发现本规划设计地块非常适宜建设成为富于音乐美感和节律的城市空间。而气势雄浑磅礴、结构明晰、表现力丰富的交响乐是与本规划设计所追求的城市空间和气氛吻合。因此本规划设计在注意研究音乐空间与城市空间的关联性的前提下，以音乐启发城市空间的设计。根据上位规划的水系和路桥位置结合本方案组的用地规划研究，规划设计范围内由南至北可以划分为4个地段。这4个地段与交响乐的4个乐章在空间、语言和氛围上都可以互相对比，这使得本方案可以用交响乐抽象有力的结构关系，节奏明晰的音乐空间，和契合主题的意境，来整体把握本规划设计的核心概念：运河交响曲。

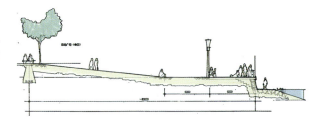
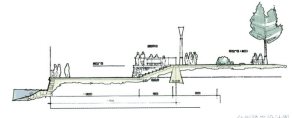

台州驳岸设计图

景观节点

3.4 开发步骤

开发可分为 3 个时期：

（1）探索期：开发部分典型地块，启动地块
（2）参与期：建立一些基础设施和辅助设施
（3）开发期：分地块开发，新的活动

3.5 规划研究重点

3.5.1 用地规划的研究
（1）用地性质的合理化
（2）沿岸公共设施的分布
（3）沿岸商业的业态构成
（4）地段的文化内涵

3.5.2 开发强度的研究
（1）地上空间开发强度
（2）地下空间开发强度
（3）开发时序

3.5.3 城市空间的研究
（1）城市空间的段落与节点
（2）景观视廊的控制
（3）景观与开发结合
（4）建筑形态控制

3.5.4 交通系统的研究
（1）动态交通与用地性质的相互作用
（2）静态交通的分布情况
（3）各地块的出入口设置

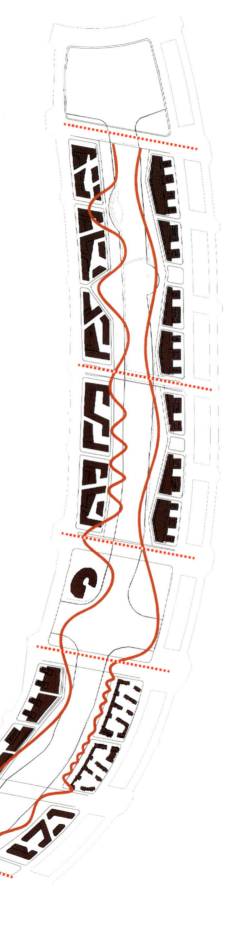

第四乐章　运河回旋曲　　都市华彩

音乐语言：以一再反复的主题和若干各不相干的"插段"交替出现为原则，基本主题的多次出现为听者留下深刻印象。

建筑语言：基本的建筑主题的旋转和变形，组合出既富于变化又逻辑明晰的形式，并以对两岸和周边城市空间的考量为控制形式的原则。

景观语言：基本景观元素的延用和演变，着重与运河相呼应，力求连贯又不失节点的突显，创造出赏玩兼备的滨水绿色空间。

意境：用颂歌似的热烈气氛渲染出明朗的都市场景。

第二乐章　运河变奏曲　　绿岛抒情

音乐语言：同一主题经过一系列主题变奏而得到多方面的发挥。内容多半联系到个人的深刻内心体验、大自然的静观和哲学式的思考，或者是奋斗中的回顾和休生养息。这是缓慢而富于歌唱性的抒情乐章，是全曲抒情的中心乐章。

建筑语言：左岸的运河文化馆是展示郑州人文历史、发展历程，弘扬中原文化和郑州精神，抒发郑州人民对家乡热爱之情的核心公共建筑，它将成为郑东新区崛起的见证。

景观语言：四块绿地如玛瑙嵌入两河交汇处，右岸以大型公园和喷泉广场为主，成为两条运河的共同焦点，左岸为文化广场，其他两块绿地绿树成荫，曲径通幽。

意境：亲切地容纳着人们的休憩，在回顾和反思中催人奋进。

第三乐章　运河圆舞曲　　水乡船歌

音乐语言：旋律平滑流畅，节奏活跃欢快，轻盈与热烈交织。建筑语言：左岸滨水住宅区起伏变化的公共空间向运河敞开，形成活泼欢快的空间节奏；右岸点式、板式两种高层商业办公建筑有节奏感地组合，以契合功能、街区和建筑控制线。

景观语言：左岸以柔美的曲线组织绿化和道路，下沉式广场和层层跌下的亲水台，尺度舒适宜人，右岸以硬朗的直线规划广场道路，配合大型商业广场和水幕剧场，绿化以线性贯穿其间。

意境：左岸是轻盈优美的生活场景，右岸是热烈活跃的商业气氛。

第一乐章　运河奏鸣曲　　蛟龙出世

音乐语言：出现两种性质不同的曲调："主部主题"和"副部主题"，两者富于对比性。在展开部较大的调性转移和音型变化，形成高潮。

建筑语言：两岸不同的建筑性质形成本乐章的"主部主题——商业办公"和"副部主题——居住"，构成两岸具有的差异城市空间与景观。

景观语言：左岸富于动感的极限运动公园，右岸环境宜人的市民休闲运动广场。给紧邻CBD的区域带来了生机与活力。

意境：充满活力与戏剧性，宏伟建设开篇时的雄壮有力与气势磅礴，犹如蛟龙出世。

规划设计概念

3.6 设计重点与目标

3.6.1 强调南北轴线的纽带作用

轴线是城市内部线性的开放空间，对塑造城市特色、改善城市形象发挥着非常重要的作用。南北运河及两岸地段即位于郑东新区的轴线位置上，是郑东新区的主轴线。本规划设计意图呈现这条南北轴线的多重含义：

（1）城市空间发展轴线。郑东新区的开发是由南至北逐步启动的，这条南北轴线是郑东新区城市建设由南向北展开的轴线。轴线的南端起始于已初步建成的新城中心区，城市建设的开发时序将沿此轴线由南向北展开。

（2）城市生态景观轴线。运河水系是郑东新区重要的生态景观资源，发掘运河沿岸的生态景观潜力是本规划设计的重点之一。

（3）城市功能性轴线。南北运河水路是其贯穿区域有机结合的纽带，同时也是整合起步区与龙湖地区城市空间的重要系统。本规划设计着重考虑充分发挥这条城市功能性轴线的作用，使区段内的商业、居住、人文和自然资源有机结合，而且向周边城市空间发散，形成整体的景观网络和城市空间系统。本规划设计强调南北轴线在郑东新区CBD与CBD副中心之间的纽带作用，使城市功能布局更加完整。

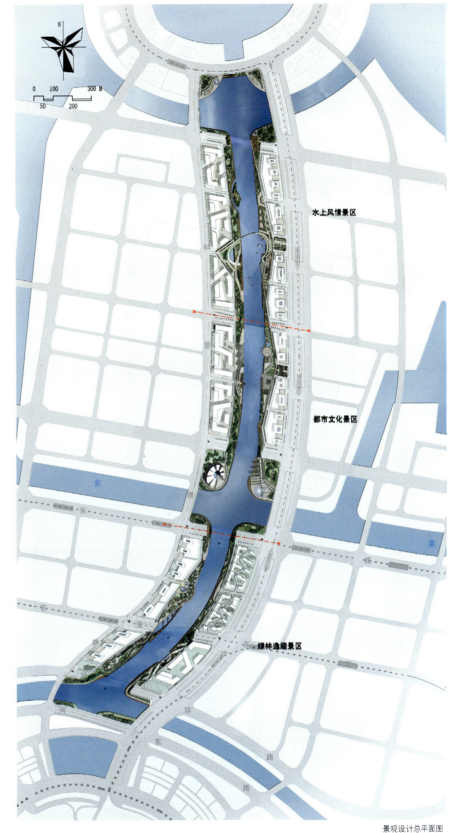

区位图

景观设计说明：
沿河景观带根据主题景观设置的不同分为绿林野趣、都市文化、水上风情三个景区，不同的景区分别承载不同的活动内容：
绿林野趣景区：以运河西岸景观为中心，于绿林中穿插设置了跑道、漫步道、自行车道、滑道等多种休闲运动设施，为都市生活增添一份闲逸之情；
都市文化景区：以运河东岸景观为中心，中央公园、水幕广场、新城广场，成为城市举办文化、集会活动的中心场所；
水上风情景区：以游船观景为主题，两岸主题景观应接不暇：沧浪台、碧水湾、飞虹桥、望江亭、慕鱼岛、百草园……一道水上风景线浑然天成。
三大景区各自具备鲜明的中心活动，又紧扣滨水主题，一脉相承。

景观设计总平面图

3.6.2 创造具有复合功能的临水空间，营造亲水环境

南北运河是本地段重要的景观资源，本规划设计方案将在尊重上位规划中的岸线的前提下，通过驳岸灵活多变的剖面设计，以不同驳岸形式完成从河面空间到滨水景观带与建筑区的过渡，丰富临水空间，做到堤防建设与景观规划相结合。功能上也将突破以往景观空间仅具有单一观景功能的状况，而设计为商业、休闲、餐饮、展览等多种功能复合的空间，激发市民行为的多样性，创造人性化的城市空间，增加市民的活动范围和接触运河的机会。

3.6.3 整合空间轮廓，保证景观通透性

开始建设的新城中心区和规划中的龙湖城心区是高层和超高层建筑区，这两部分是"如意形"城市空间中的高潮点，也是郑东新区中的建筑景观的最高潮。这两部分的城市天际线因而成为城市的标志景观。而规划范围内的地段对于观赏这样的城市面貌有着不可替代的区位优势，因此整合沿南北运河两岸的建筑轮廓，理通景观视廊就显得尤为重要，运河两岸建筑进退的控制线与运河岸线一同成为本规划设计的研究重点。

景观结构说明：
沿河景观带依据疏密有致的原则分成三个景观等级。
一级景观节点：为景观密集区，由多个二级节点和散布在其周围的三级节点组成。每一个一级节点都因主体不同而各具特色。
二级景观节点：隶属于一级节点。不仅构成了同一活动主题，又各自不乏丰富性。
三级景观节点：成线性散布的沿河小景观点。联系一、二级景观节点，是移步换景的重要组成元素。

景观设计结构

水上风情景区　　　　　　文化娱乐区　　　　　　运动休闲区

| ❶ 望江亭 | ❷ 慕鱼岛 | ❸ 百草园 | ❹ 青云道 | ❺ 叠翠坪 | ❻ 月洋池 | ❼ 静思园 | ❽ 抬浪台 | ❾ 清风园 | ❿ 江枫园 | ⓫ 景观栈桥 | ⓬ 闻涛台 |
| ⓭ 叠台微步 | ⓮ 畅远台 | ⓯ 凌波步道 | ⓰ 退思台 | ⓱ 碧水湾 | ⓲ 飞虹桥 | ⓳ 标识灯塔 | ⓴ 朝蔚林 | 雨花台 | 吟江台 | 蓬涛林 | 沧浪台 |

❶ 亲水广场 ❷ 观水广场 ❸ 戏水广场 ❹ 景观树林 ❺ 滨水步道 ❻ 运河文化馆 ❼ 文化广场 ❽ 圆贝公园 ❾ 水幕电影 ❿ 水幕广场 ⓫ 穗翠园 ⓬ 新城广场 ⓭ 浅滩滩 ⓮ 风筝台 ⓯ 游船码头 ⓰ 中央公园 ⓱ 如意喷泉 ⓲ 绿松岛

❶ 晨曦广场 ❷ 日光广场 ❸ 太极广场 ❹ 密林氧吧 ❺ 凌波步道 ❻ U形滑道 ❼ 自行车及慢跑道 ❽ 球类运动区 ❾ 碗形滑道 ❿ 鸟趣林 ⓫ 朝阳广场 ⓬ 晨练步道 ⓭ 戏水广场

景观意向一

景观意向二

景观意向三

景观意向四

服务设施分布图

驳岸断面一 1:500

驳岸断面二 1:500

驳岸断面三 1:500

驳岸断面四 1:500

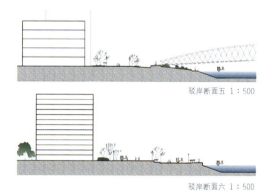

驳岸断面五 1:500

驳岸断面六 1:500

驳岸断面七 1:500

驳岸断面八 1:500

	紧急医疗站
	餐厅/茶室
	报刊/电话厅
	游船码头
	厕所
	残疾人坡道

4 规划设计内容

4.1 功能策划

南北运河及其两岸地段在郑东新区总体规划中定位为城市的功能性轴线，不仅在地理位置上连接起CBD和CBD副中心，更要贯彻在功能上连接起新城的这两个中心使这一轴线完整。因此对这一区域的功能设定为：

4.1.1 以商务办公为主，其中包括公司总部基地、银行、证券、保险、邮政、电信及其他企业公司的办公写字楼。

4.1.2 以SOHO和酒店式公寓为商业办公的必要补充，合理配置，以满足多样化的市场需求。

4.1.3 商业服务功能，既有同大型开放空间节点结合的步行街式的综合商业服务区，又有与办公及居住配套设置的商业和服务业。

4.1.4 文化娱乐功能包括运河文化中心等大型文化设施和茶社、书吧等小型休闲文化场所。

4.1.5 休闲运动功能内容就有与开放空间结合的沿河室外休闲运动场地，又有与商务、文化设施邻近的室内休闲运动场所。

4.1.6 交通设施，包括轨道交通站点、公交停靠站及各类停车场库。

4.2 功能布局规划

4.2.1 商业办公

主要分布在南北运河以东、东西运河以北以及南北运河以西、东西运河以南的两个区域。主要的建筑类型为点式、板式高层写字楼。

4.2.2 酒店式公寓，SOHO

主要集中在南北运河以西、东西运河以北以及南北运河以东、东西运河以南的两个区域。主要建筑类型为板式，折板式高层。

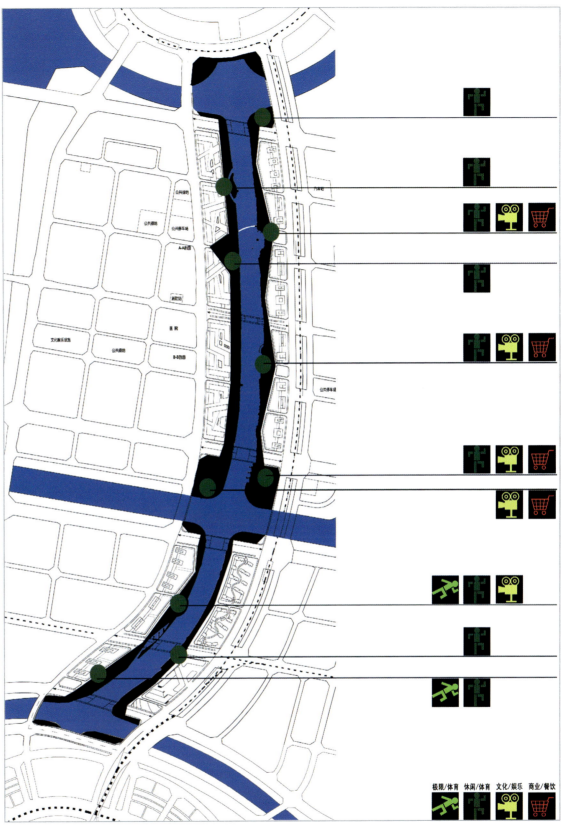

功能活动分布图

4.2.3 商务服务

主要位于南北运河两岸的沿河景观带中，结合底层局部架空的高层建筑的裙楼设置。包括高档零售店、大型超市、品牌专营店、休闲餐饮、概念店、旗舰店等。

4.2.4 文化娱乐

主要位于南北运河与东西运河交汇处的西北角地块，以及南北运河两岸的高层写字楼的裙楼内部。大型设施包括运河文化中心，小型设施包括文化休闲中心、主题文化酒吧、俱乐部、茶舍、书社、开放性研究中心等。

4.2.5 休闲运动

主要位于南北运河两岸的景观带中，以及南北运河两岸的高层写字楼的裙楼内部。包括水上游乐区、休闲垂钓区、极限运动区、老年活动场地、滨水漫步道、自行车道和郊野休闲运动场等。

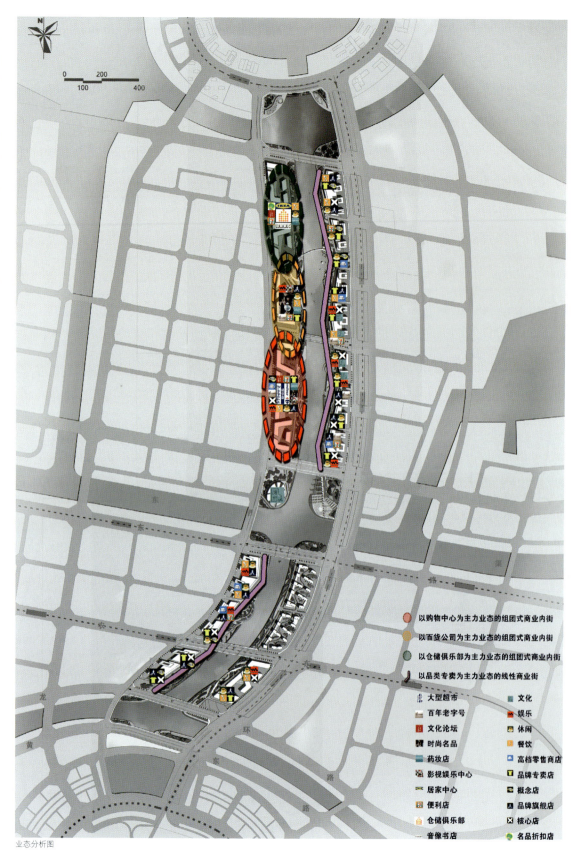

业态分析图

4.3 空间结构规划

开放空间是城市空间中的具有衔接作用和汇聚效应的节点，也是城市空间的高潮点和升华点，节点间相互遥望形成城市中的空间张力。开放空间的位置和规模是由对用地性质规划研究和城市空间的视线分析综合统筹确定的。

河面是规划设计范围内的空间最低点，沿河景观带在高度上完成了由河面向功能地块的过渡。在对城市空间的考量时，功能地块中的建筑布置策略有两种：一种是将高层建筑的裙楼沿河布置而主楼远离河岸，按河面、驳岸、裙楼、主楼的顺序逐步升高的空间形态；另一种是垂直于河岸布置板式高层建筑，高层建筑之间的距离是水面及沿河开放空间与规划用地以外的城市空间联系的通道。两种策略在本规划设计范围内合理配置，有机结合，形成具有滨水特色的，以休闲娱乐和商务办公为主题的城市空间。

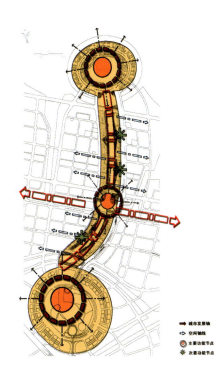

规划设计结构

各项技术指标

地块代码	用地性质	功能构成	地块面积（hm²）	建筑面积（万m²）		建筑高度（m）	容积率
				地上	地下		
C1-6	商业金融	酒店式公寓65% 商业15% 公共服务设施20%	2.40	9.60	4.5	40 裙房15	4.0
C1-11	商业金融	酒店式公寓65% 商业15% 公共服务设施20%	2.79	11.16	5.3	40 裙房15	4.0
C1-16	商业金融	酒店式公寓70% 商业20% 公共服务设施10%	2.53	10.12	4.8	40 裙房15	4.0
B1-1	公共绿地	–	3.91	–	–	–	–
C2-5	商业金融	酒店式公寓70% 商业20% 公共服务设施10%	3.20	12.80	6.0	40 裙房15	4.0
C2-10	商业金融	酒店式公寓70% 商业20% 公共服务设施10%	3.02	12.08	5.7	40 裙房15	4.0
B2-1	公共绿地	–	2.21	–	–	–	–
C2-15	文化娱乐	文化娱乐95% 配套服务设施5%	2.67	1.06	–	40	0.4
C3-4	商业金融	办公40%SOHO40% 商业20%	2.25	9.00	4.2	40 裙房18	4.0
C3-8	商业金融	办公50%SOHO30% 商业20%	1.19	4.76	2.3	40 裙房18	4.0
B1-3	公共绿地	–	0.34	–	–	–	–
C3-12a	商业金融	办公65%SOHO30% 商业配套服务设施5%	1.12	4.48	2.1	40 裙房18	4.0
C3-12b	商业金融	办公75%SOHO20% 商业配套服务设施5%	1.65	6.60	3.1	40 裙房18	4.0
C3-16	商业金融	办公65%SOHO30% 商业配套服务设施5%	1.08	4.32	2.0	40 裙房18	4.0
B2-3	公共绿地	–	0.27	–	–	–	–
C3-18a	商业金融	办公65%SOHO30% 商业配套服务设施5%	1.24	4.96	2.3	40 裙房18	4.0
C3-18b	商业金融	办公75%SOHO20% 商业配套服务设施5%	1.70	6.80	3.2	40 裙房18	4.0
S1-9	商业金融	办公80%SOHO15% 商业配套服务设施5%	2.37	9.48	4.5	40 裙房18	4.0
S1-15	商业金融	办公65%SOHO30% 商业配套服务设施5%	1.75	7.00	3.2	40 裙房18	4.0
S1-21	商业金融	办公80%SOHO10% 商业配套服务设施10%	2.19	8.76	4.1	40 裙房18	4.0
B3-1	公共绿地	–	4.56	–	–	–	–
S2-4	已建住宅	N/A	2.82	8.46	N/A	40 裙房18	3.0
S2-8	已建住宅	N/A	2.49	7.47	N/A	40 裙房18	3.0
S2-12	商业金融	酒店式公寓40% 商业20% 公共服务设施40%	3.40	13.60	4.0	40 裙房18	4.0
B3-2	公共绿地	–	3.69	–	–	–	–
B3-3	公共绿地	–	2.24	–	–	–	–
B3-4	公共绿地	–	2.01	–	–	–	–
规划用地面积（hm²）	公共绿地（hm²）		商业金融（hm²）		文化娱乐（hm²）		已建住宅（hm²）
61.09	19.23		33.88		2.67		5.31
总建筑面积	商业金融		文化娱乐		已建住宅		
（万m²）	（万m²）	容积率	（万m²）	容积率	（万m²）	容积率	
152.51	135.52	4.0	1.06	0.4	15.93	3.0	

4.4 视线控制

在视线上实现将南北运河及两岸区域作为CBD地区和龙湖中心区的连接带，主要体现在B1-1、B2-2和B3-1三块公共绿地上。在南北运河以西、东西运河以南地块，为了使南北运河和东西运河交汇处的主要景观节点可以直接望向CBD地区，建筑边界没有按照河岸边界轮廓向内平移，而是切成折线，以保证视线的畅通。在南北运河以东，东西运河以北地块，建筑用地边界同样没有将河岸轮廓直接平移，而是呈折线状。通过折线将人的视线向南引导向CBD地区，向北引导向龙湖中心区。

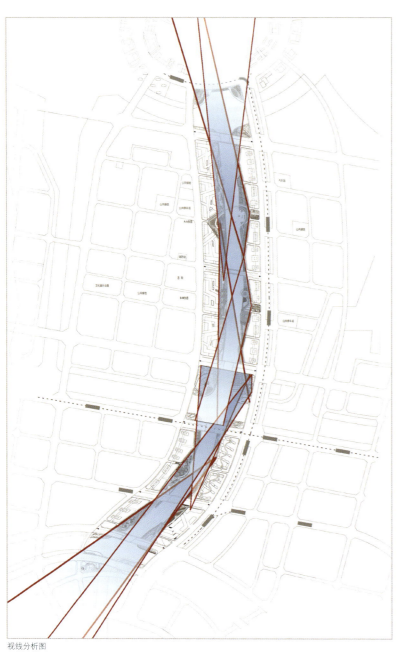

视线分析图

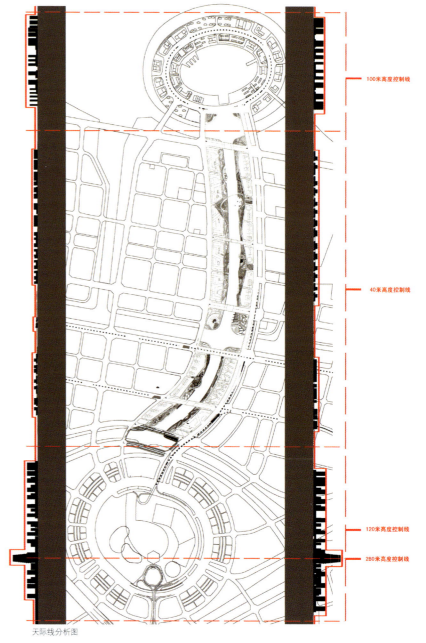

天际线分析图

4.5 开放空间规划

4.5.1 广场

B3-1、B3-2 地块紧邻 CBD 中心区，景观功能选择以休闲及极限运动为主题从而弥补 CBD 用地紧张而其开放空间少的缺点。其中 B3-1 地块是位于南北运河左岸的商业办公区，开放空间的活动以极限运动为主，在起伏的坡地上利用地形的变化来设置自行车运动路径、慢跑路径、漫步路径、轮滑路径、碗形滑板道、自由运动区，使人们在这里充分放松身心，体验极限运动的快乐，又不会影响到周围的商业办公区。B3-2 是南北运河右岸近邻酒店式公寓的滨水地块，主要以休闲及晨练等运动为主，设置了自然的坡地、小的硬质广场及滨水步行道路。

C2-15 和 C3-20 地块位于东西运河和南北运河的交汇口，集聚四方瑞气。C2-15 地块上的的运河文化中心面河处伸展为坡地广场，可供市民在参观之余欣赏郑州运河美景；C3-20 地块的中心公园面河有大型开场空间供市民活动，环形的喷泉广场上居于中心位置将有北方喷泉之最的高达百米喷泉，环形喷泉四周是水广场，可供休闲和儿童嬉戏，在炎炎夏日给人们带来沁心的凉意，该地块北侧是绿色码头广场，人们可以在这里泛舟或者乘船游览整个运河风光。

B2-1 地块以曲线构筑的下沉式广场和层层跌下的亲水台，绿化围绕其间，尺度宜人。B2-2 地处商业黄金地段，地段主入口处有大型商业广场，沿着滨河又有下沉式剧场和水幕电影和小型休憩广场，广场间由滨河步道连接。B2-3 和 B1-3 在南北运河东岸建筑带中形成小的节点，产生缓冲的效果，同时作为开口将沿河景观引向城市空间。B1-2 紧邻商业办公区，景观空间较为开放：在与建筑相同的标高上结合道路入口设置望景广场、雕塑广场，结合泊船码头处设置亲水性广场，不同标高上的广场又通过阶梯式广场及滨江台、亲水栈台结合各段地势点缀于缓长的岸线上。B1-1 紧邻公寓、住宅区，景观空间较为安谧：半围合式健身场所、亲水空间及怡情小岛由绿带链接铺于滨水岸线上。整个场地景观设计着重与运河的相呼应，力求做出滨江特色，突显了趣味性和可达性。

4.5.2 绿地

绿地的设置强调连贯性，在连接各个功能空间的同时，本身也成为爽心悦目的视觉焦点，而主题植物林、生态游园、怡情绿色小岛又成为沿岸绿链上的空间节点，观赏游玩同时兼备。

4.5.3 水系

运河岸线大趋势遵照上位规划，局部时而放宽为泊船码头，时而内引为广场浅水，时而又沿引围成绿岛，使得缓长的岸线顿时活跃。

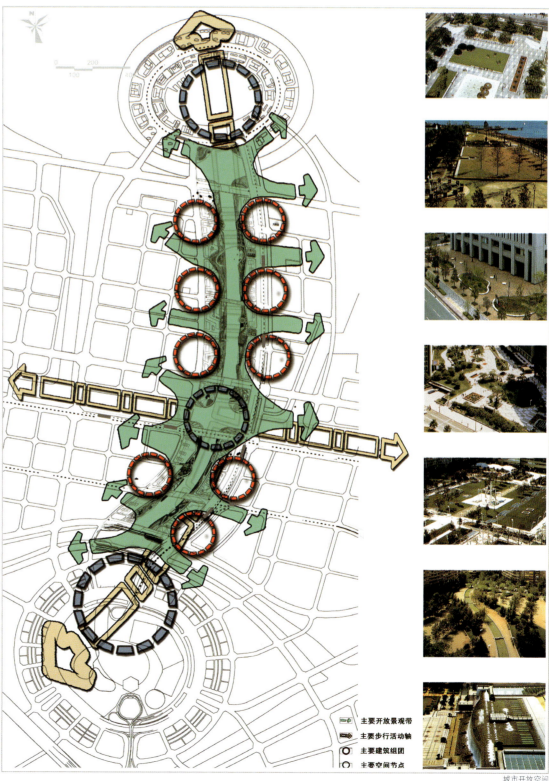

城市开放空间

4.6 建筑形态控制

4.6.1 建筑类型控制

根据空间结构规划中提出的建筑布置的两种策略，建筑的类型相应分为两种：

（1）在南北运河以西、东西运河以北地块，建筑主楼外围边界占满用地边界呈内向型围合，高层建筑的裙楼布置在围合而成的内院内。各围合地块之间为联系沿河开放空间与西侧城市空间的车行道，地块内有联系沿河开放空间、内院、西侧城市空间的步行道路。

（2）在南北运河以东、东西运河以南和南北运河以西、东西运河以南的地块，高层建筑的裙楼沿河布置，主楼远离河岸，按河面、驳岸、裙楼、主楼的顺序逐步升高。建筑主楼呈平行式布置。

4.6.2 建筑边界控制

（1）南北运河以西、东西运河以北区域：建筑边界东侧退道路红线 6m，西侧退如意西路道路红线 10m，北侧退洛开高速，南侧退东风东路道路红线为 20m，退各地块间道路边界 15m。

（2）南北运河以东、东西运河以北区域：建筑边界东侧退如意路道路边界 12m，裙房边界退南、北和西侧道路红线 6m，高层退南、北侧道路红线各 10m。

（3）南北运河以西、东西运河以南区域：建筑边界西侧退如意西路道路边界 12m，裙房退南、北、东侧道路红线 6m，高层退南、北道路红线各 10m。

4.6.3 建筑边界开口控制

（1）南北运河以西、东西运河以北区域：西侧向如意西路底层开口率 15%，开口宽度大于 15m，小于 20m。东侧向沿河道路开口率 30%，开口宽度大于 15m，小于 45m。南侧向东风东路道路红线，北侧向洛开高速道路红线底层架空面积超过 2000m²。

（2）南北运河以东、东西运河以北区域：裙房西侧向沿河道路底层架空出外廊形成骑楼的模式。高层住楼的出入口设在地块的南北侧道路上，对东侧如意路不开口。

（3）南北运河以西、东西运河以南区域：裙房东侧向沿河道路底层架空外廊形成骑楼，各地块出入口设在南北侧道路上，对西侧如意西路不开口。

建筑边界退让控制

4.7 交通系统规划

4.7.1 道路交通系统

各功能地块在上位规划的城市道路以外的其他三边均设置道路交通，在功能地块与沿河景观带之间的南北方向的道路交通与桥梁系统结合形成遍布规划范围的路网，实现设计范围内部以及设计范围与周边道路的有机联系，直接服务于各功能地块，有效集散机动车交通。

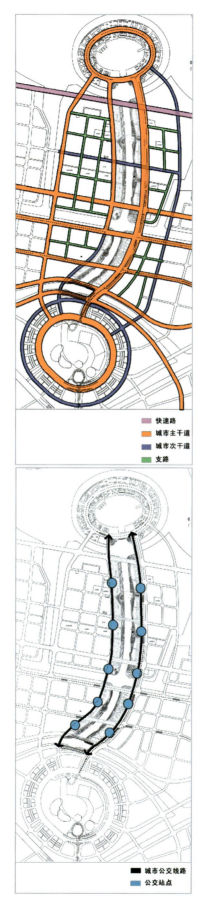

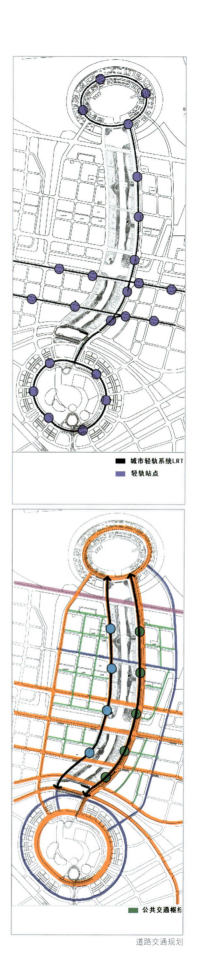

道路交通规划

4.7.2 船行交通系统

南北运河规划为四级航道，航道净宽 55m，桥下净空 7m，可以通行豪华内河游船。在东西运河以北，设置两座游船码头，与现有的游船码头形成接应。

4.7.3 步行交通系统

步行交通系统是由规划设计范围内城市道路的人行道、功能用地内的人行通道、沿河景观带内的休闲步道和商业步行街等连通而成的步行交通网络。是商业办公、休闲娱乐、体育健身等活动的主要交通方式。

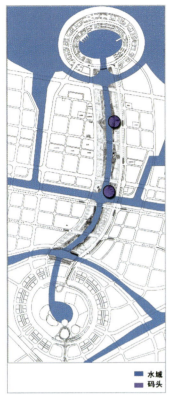

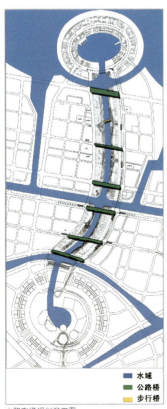

水路交通规划意向图

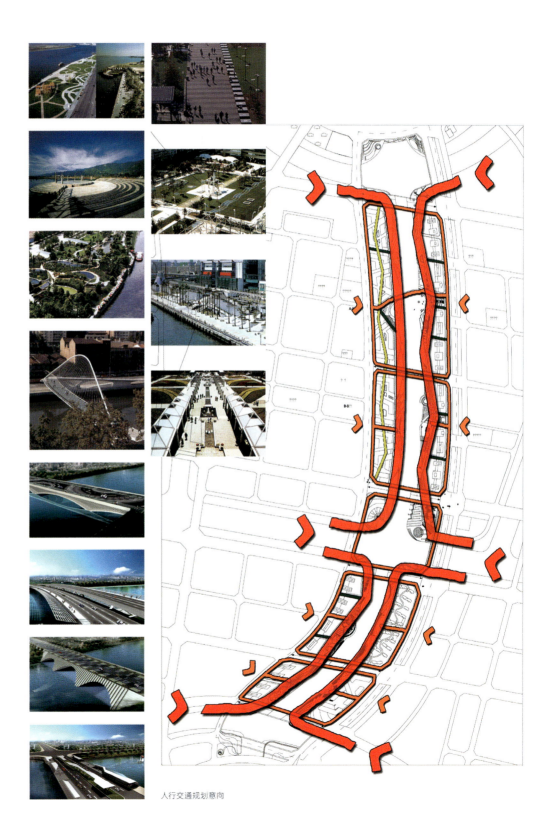

人行交通规划意向

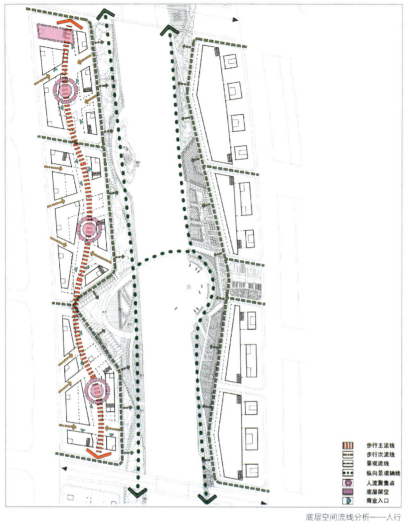

底层空间流线分析——人行

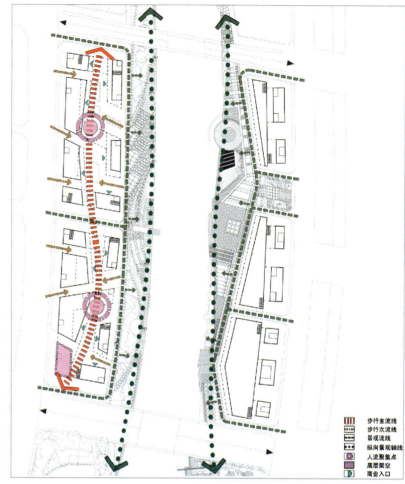

底层空间流线分析——人行

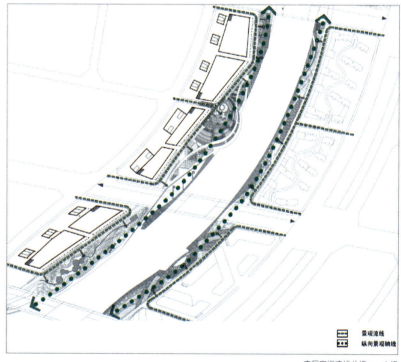

底层空间流线分析——人行

底层空间流线分析——车行

底层空间流线分析——车行

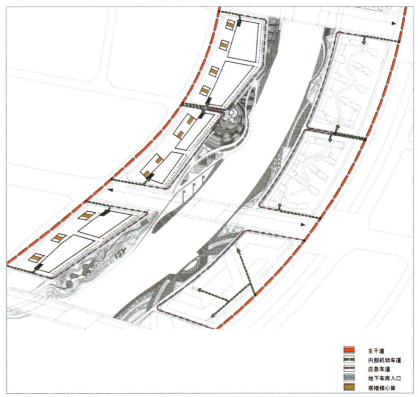

底层空间流线分析——车行

4.7.4 静态交通

静态交通配建标准为每100m²一个车位，共设三处大型社会停车场，服务半径为500m。各功能地块内以地下停车为主，分别设置内部配套停车设施，服务半径为250m。结合地块出入口、大型开放空间及重要公共设施设置公交停靠站和轻轨车站，兼顾方便性和运行效率。

4.8 地下空间规划

4.8.1 规划原则

充分挖掘土地资源，坚持整体化、人文化、生态化、高效率、安全可行的基本原则。做到地面上下协调发展，有机连接。

4.8.2 规划策略

（1）综合开发，安全使用。

地下空间与公共建筑及开放空间节点相结合，其基本形态以街区或地块为单位，互相联结形成网络。同时，地下空间与市政设施和防灾设施规划相结合，形成完整的地下空间体系。

（2）浅层为主，上下协调。

地下空间开发以浅层为主，主要用于地下公共活动、人行步道、停车、设备、市政共同沟、人防等，便于与地面层形成自然便捷的联系。

（3）整体规划，动态适度。

各地块地下一层地库都在同一标高预留接口。地下空间的开发宜坚持整体规划、分期实施的基本策略。按照规划目标适时建设地下空间，逐步形成该地区完整的地下空间体系。地下空间的开发亦应留有余地，有利于形成持续动态的潜力。

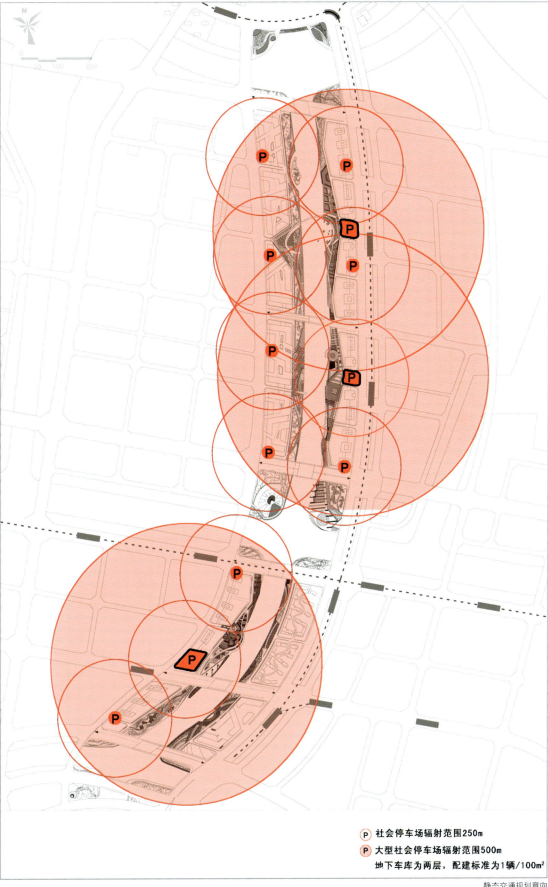

P 社会停车场辐射范围250m
P 大型社会停车场辐射范围500m
地下车库为两层，配建标准为1辆/100m²

静态交通规划意向

运河两侧城市设计
Urban Design for Banks of the Canal

设计单位：清华大学建筑学院

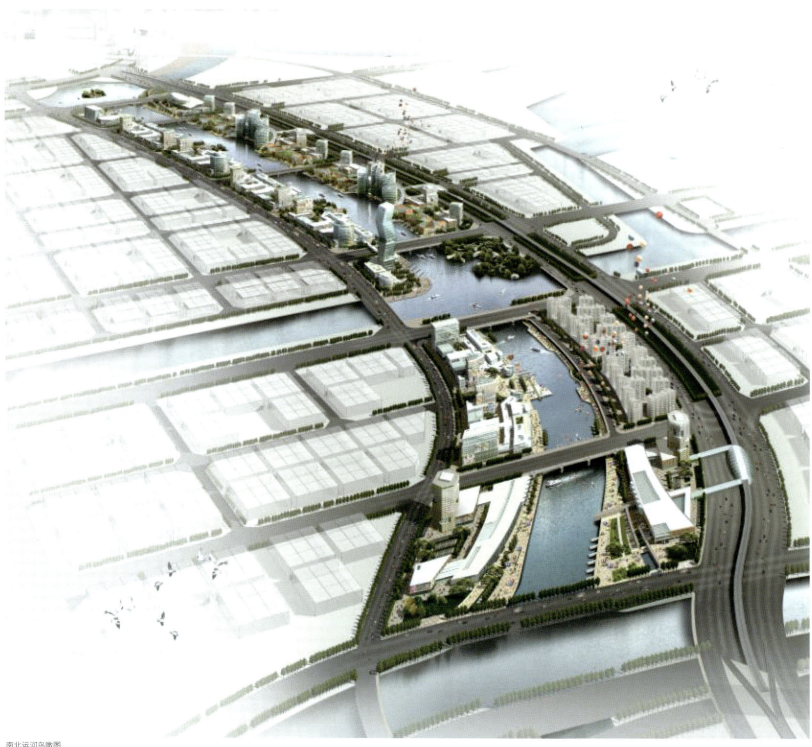

南北运河鸟瞰图

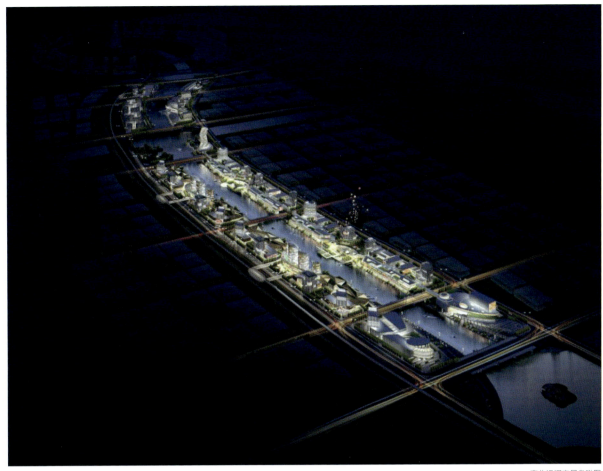

南北运河夜景鸟瞰图

总平面图

1 城市设计核心理念

1.1 滨水区联合开发

1.1.1 传统开发模式
划分地块；
单独开发；
滨水区功能私密性和公众性混杂；
滨水公共性得不到保证；

1.1.2 联合开发模式
公共用途和私密用途分开；
滨水区统一开发；
保证滨水区的公共性和经济价值；

公共用途：商业、餐饮、文化、娱乐、休闲……
私密用途：居住、办公、SOHO

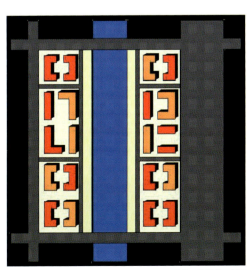

传统开发模式示意图

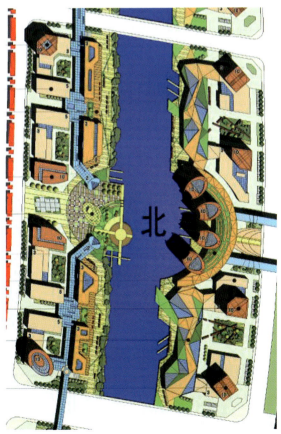

联合开发模式示意图

1.2 城市综合体

城市综合体是将城市中商业、办公、居住、旅店、展览、餐饮、会议、文娱、交通等城市生活空间的3项以上进行组合，并在各部分间建立一种相互依存、相互助益的能动关系，从而形成一个多功能、高效率、复杂而统一的综合体。

利用多种功能的连接和复合创造集聚效应。

美国波士顿 Rowes 码头

美国波士顿 Rowes 码头

日本阳光城

东京国际会展中心

北京西直门交通枢纽

1.3 公共服务走廊

集公共服务、商业餐饮、信息中心、休闲观景、地下交通廊及市政管廊等功能于一体。

建议政府部门通过市场手段，结合市政配套基础设施的施工建设，介入一级开发领域。

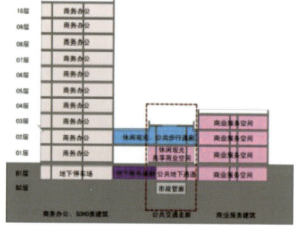

公共服务走廊示意图

1.4 空间共生的绿地系统

摒弃传统滨河景观体系中水平线式的方式，采用三维坐标体系的设计模式，使得建筑物、步道与绿地景观融为一体，形成跌宕起伏、错落有致的大地景观，以丰富空间层次与内涵。

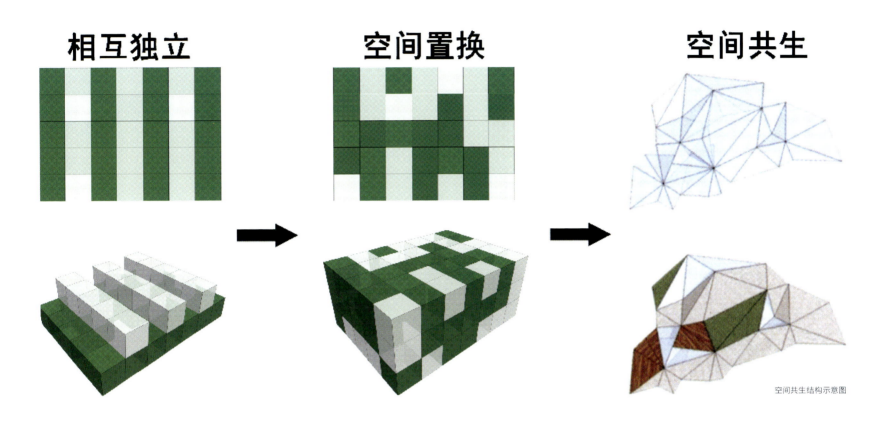

示意图

空间共生结构示意图

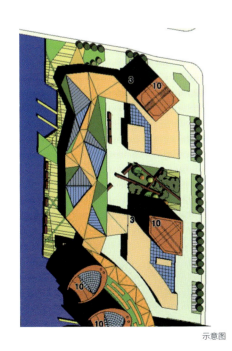

示意图

示意图

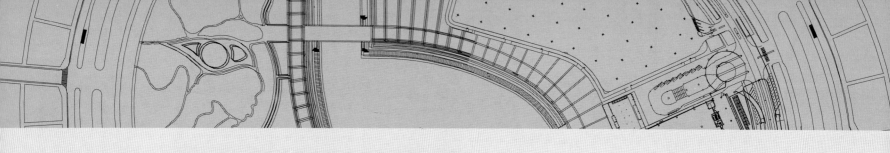

2 河渠景观规划设计
Planning and Design of the canals landscape

易道国际有限公司
EDAW

北京北林地景园林规划设计院
Beijing Beilin Landscape Architecture Institute.CO.,LTD

"四河一渠"景观设计

"四河一渠"(金水河、熊耳河、七里河、运河、东风渠)景观设计于2003年12月3日召开评审会,中标单位为易道国际有限公司(金水河、熊耳河、运河、东风渠西段)和北京北林地景园林规划设计院(七里河、东风渠东段)。河渠景观规划设计理念:综合考虑各种景观要素和活动内容,结合每一条河流的周边环境特征,建设绿色的、文化的、生活的、现代的城市滨河绿地,为市民营造生态环境良好、景观特色鲜明、文化品位高雅的景观廊道。

金水河、运河、熊耳河及东风渠景观方案优化设计意向

委托单位:郑东新区管理委员会
编制单位:易道国际有限公司设计编制
评审时间:2003.12.03

2.1 引言

河流是文化的摇篮。人类自古逐水草而居,中国的黄河、埃及的尼罗河和印度的印度河,各自孕育了不同的古文明。以河流为主体,三河一渠项目的整体景观设计以我国优秀的华夏文化为根基,用现代的表现手法,象征郑州市如跃起腾飞的巨龙迈向一个新的纪元。

2.2 简介

整个项目除了优化环境外,河道还具有舒缓交通运输的用途,而河岸则成为主要和次要城市中心的表现形式,沿水路两旁有6m宽的空地用作种植和步道等景观设计。

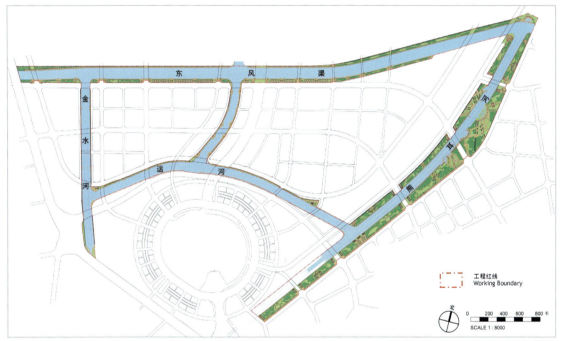

总平面

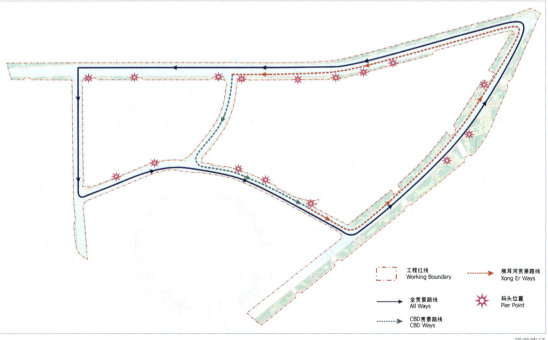

观赏路径

南北运河透视图

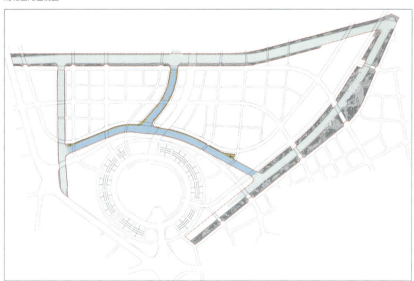

东西运河 南北运河

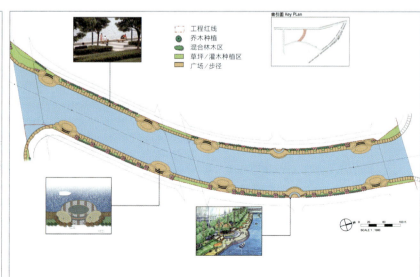

运河平面

36 | The Urban and Architectural Design of Zhengdong New District

运河节点效果图

运河平面

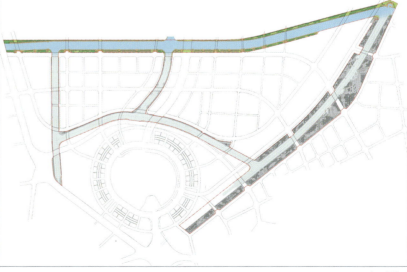

东风渠范围

金水河透视

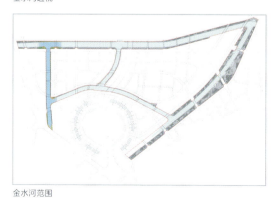

金水河范围

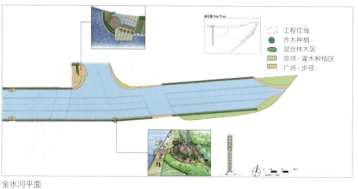

金水河平面

熊耳河范围图

熊耳河示意图一

熊耳河示意图二

熊耳河示意图三

熊耳河平面一

熊耳河平面二

郑州市郑东新区
七里河、东风渠东段景观设计说明

委托单位：郑东新区管理委员会
编制单位：北京北林地景园林规划院
评审时间：2003.12.13

1 概述

郑东新区位于郑州市东部，是郑州市的重要组成部分。七里河横贯郑东新区东西，从陇海铁路至与东风渠交汇处河道长约9km，堤距宽100~130m，河道两侧绿带宽度不低于50m。

东风渠东段横穿大学城东西，从与熊尔河交汇处至京珠高速东风渠长约5km，堤距宽120～130m，河道两侧绿带宽度30～50m。

依据《郑州市城市防洪总体规划》七里河和东风渠东段皆为泄洪河道不设通航。

2 设计原则与目标

2.1 设计原则

可持续发展的景观生态性原则

协调的文化特色原则：结合区位和时代文化特征，将文化讯息融入到景观设计之中

以人为本的服务性原则：结合周边用地特征及使用者的活动心理需求做出相应的设计

2.2 设计目标

贯彻黑川的"共生城市"和"新陈代谢城市"的理念，融合生态、游憩、景观三个规划层面，综合考虑各种景观要素和活动内容，结合河流的周边环境特征，为市民营造生态环境良好、景观特质鲜明、文化品位高雅的绿色与蓝色交响的景观廊道。

3 总体景观特征的把握

根据相关规划，七里河滨河景观可以四环路为界，分为东西两个部分，形成不同的风格。四环路以西部分。为七里河西段，因与城区关系密切而形成以连续性城市滨河广场绿地为主体的带状城市滨河公园；而四环路以东，即七里河东段，因靠近郊区而以自然生态环境为基调，结合周边用地布置系列市民休闲广场。同时，根据此处绿地面积大，环境好的特点，设置为郑州市全市居民服务的现代休闲空间：包括野营地、赛车场及高尔夫练习场等，以形成东区良好的城市滨河景观。

东风渠东段定位为生活性的游憩健身空间，服务于附近居民及校园师生的日常及双休日的户外休闲活动，以大面积的种植为主要特色。

4 景观设计内容

七里河西段包括8个以植物为主要观赏特征的景区：瑞雪幽篁、绿荫深处、霜染碧河、赤霞映绿、国色天香、紫薇入画、群芳报春、杏林春秋。

七里河东段根据活动内容和景观特征的不同包括碧薇引练、炊起长河、芦洲野渡、高树秋深4个景区。

东风渠东段设计了翠堤画屏、问波行晓、汀泜唼鸭、绿屿烟树4个景区。

设计绿地位置示意

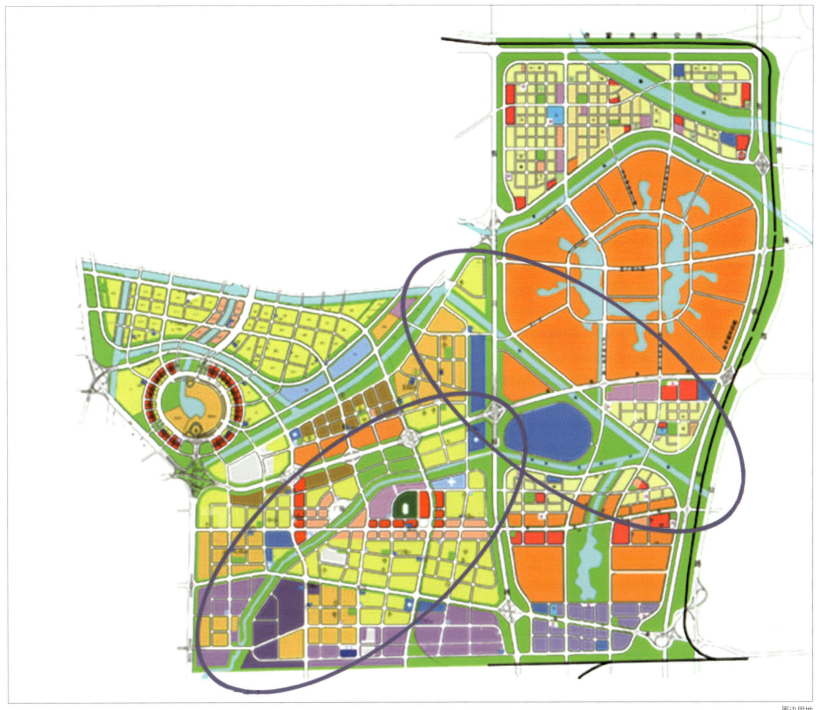

周边用地

5 竖向设计

　　七里河和东风渠东段滨河绿地竖向设计的重点是如何协调河道的水利和景观要求，同时协调处理滨河绿地和两侧城市道路的竖向关系。为了满足河道的泄洪要求，河流两侧的堤岸标高皆高于外侧城市道路2~3m不等，本次设计中，以自然的地形处理方式为主，局部结合台地式广场对高差进行了消化。

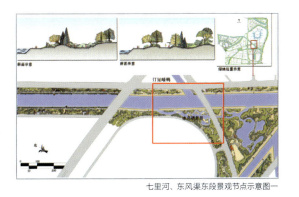

七里河、东风渠东段景观节点示意图一　　　　七里河、东风渠东段景观节点示意图二

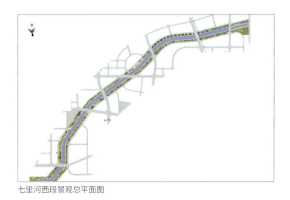
七里河西段景观总平面图

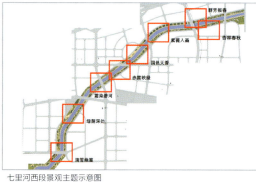
七里河西段景观主题示意图

七里河西段景观节点示意图一

七里河西段景观效果图

6 种植设计

6.1 种植设计原则及整体构思

适地适树，植物选择应以地带性树种为主，小气候条件良好的前提下可适当选用一些驯化树种。

生态性原则。通过复层混交植物群落的运用提高单位面积的绿量，最大限度地改善环境，发挥生态效益。

文化性原则。挖掘植物潜在的品格特征，植物的种植与空间的文化氛围相吻合。

景观审美原则。植物种植是景观构成的一个主要部分。植物景观既应体现整体美，也应关注小空间的个体种植特色。

防护性原则。植物的防护性包括对公路的防噪、防尘隔离，水体的保护，污染气体的隔离、吸收，道路及休憩空间的遮荫等。

6.2 植物种植特色构思

植物种植体现复合植物群落景观，注重群落景观的整体连续性和近赏效果。根据不同区段的周边环境特征形成不同的植物景观特色，如几何种植序列、自然组合序列、春景序列、夏景序列、秋景序列、冬景序列等。

6.3 主要植物选择

春景植物

乔木：白玉兰、二乔玉兰、馒头柳、垂丝海棠、海棠果、暴马丁香、樱花、桃、山桃、稠李、流苏、山荆子等

灌木：牡丹、丁香、榆叶梅、迎春、蜡梅、连翘、太平花、小花溲疏、大花溲疏、天目琼花、欧洲琼花、锦带花、绣线菊、珍珠花香荚蒾、接骨木、棣棠、文冠果、黄刺玫、海仙花、白鹃梅等

藤本：木香、紫藤、七姊妹

地被：月季、芍药、二月兰、毛地黄、马蔺、紫花地丁、雏菊、金盏菊、冷季型早熟禾等

夏景植物

乔木：广玉兰、棕榈、刺槐、国槐、糠椴、合欢、栾树、悬铃木楸树、杜仲、垂柳、千头椿、苦楝、梓树等

灌木：石榴、凤尾兰、圆锥绣球、紫薇、大叶醉鱼草、小花溲疏、红瑞木、海州常山、紫薇、珍珠梅、木槿等

地被：鸢尾、玉簪、常夏石竹、野牛草等

秋景植物

乔木：银杏、塔形小叶杨、元宝枫、黄栌、山楂、柿树、紫叶李山荆子、杂种鹅掌楸、黄连木等。

灌木：紫薇、金叶连翘、糯米条、多花胡枝子、凤尾兰、紫叶小檗、小紫珠、平枝枸子、天目琼花、金银木、火棘等。

地被：月季、荷兰菊、常夏石竹、红三叶、地锦、冷季型早熟禾等

冬景植物

乔木：油松、黑松、雪松、华山松、白皮松、桧柏、白杆、青杆、大叶罗汉松、广玉兰、枇杷女贞、棕榈、蚊母、石楠、梅花、早园竹、黄槽竹、紫竹等。

灌木：矮紫杉、凤尾兰、珊瑚树、南天竹、构骨、海桐、火棘大叶黄杨、小叶黄杨、沙地柏、铺地柏、红瑞木、棣棠、蜡梅

藤本：木香、洋常春藤、扶芳藤、胶东卫矛等。

地被：麦冬、阔叶麦冬、冷季型早熟禾等。

7 照明及小品

本设计方案灯光照明分为3个部分：一为景观性照明，以各射灯为主，主要对重要景观标志物进行造景性照明，该部分主要集中在主要的活动广场；二为功能性照明，由庭院灯及部分区域的草坪灯、地灯组成，该照明主要是为满足滨河绿地日常的夜间活动需要，并创造安全空间环境。三为娱乐性照明，包括霓虹灯和激光等主要是在部分广场节假日活动中使用。

滨河绿地中的所有小品应进行统一设计，保持风格的统一。

8 用地平衡

用地类型	面积（m²）	比例（%）
绿地	1445700	76.02
水体	63100	3.31
广场	83400	4.39
道路	307700	16.18
构筑物	1900	0.10
总面积	1901800	100.00

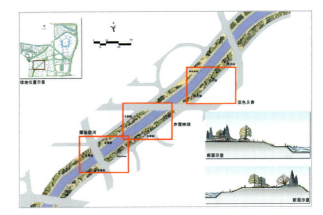

七里河西段景观节点示意图三

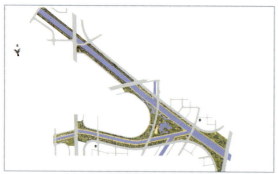
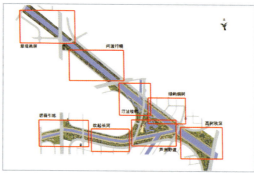

七里河、东风渠东段景观总平面图　　七里河、东风渠东段景观主题示意图一　　七里河、东风渠东段景观节点示意图二

七里河、东风渠东段景观效果图

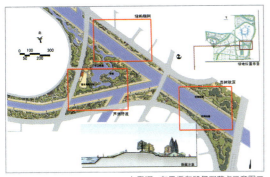

七里河、东风渠东段景观节点示意图三

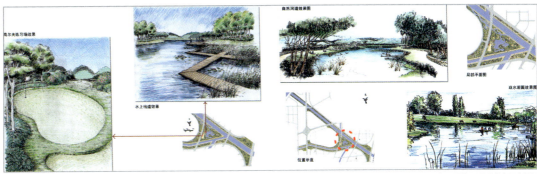

七里河、东风渠东段景观节点示意图四

七里河、东风渠东段景观效果图

3 起步区、龙子湖区桥梁设计
Design of Bridges in the Start-up Area and Longzi Lake Area

设计单位：同济大学建筑设计研究院
　Architectural Design & Research institute of Tongji University

上海林同炎李国豪土建工程咨询有限公司
LinTun-Yen & LiGuo-Hao Consultans Shanghai LTD

起步区、龙子湖区桥梁设计
Design of Bridges in the Start-up Area and Longzi Lake Area

项目名称：郑东新区起步区、龙子湖区桥梁方案
委托单位：郑州市郑东新区管理委员会
编制单位：同济大学建筑设计研究院桥梁分院
　　　　　上海林同炎李国豪土建工程咨询有限公司

马庄桥：位于龙湖外环西路跨东风渠处

马庄桥

众意西桥

众意西桥夜景

起步区、龙子湖区桥梁设计
Design of Bridges in the Start-up Area and Longzi Lake Area

项目名称：郑东新区起步区、龙子湖区桥梁方案
委托单位：郑州市郑东新区管理委员会
编制单位：同济大学建筑设计研究院桥梁分院
　　　　　上海林同炎李国豪土建工程咨询有限公司

马庄桥：位于龙湖外环西路跨东风渠处

马庄桥

众意西桥

众意西桥夜景

众意桥：位于众意路跨东风渠处

众意桥近景

如意西桥：
位于如意西路跨东风渠处

如意西桥夜景

上图 如意西桥：位于如意西路跨东风渠处

下图 如意东桥夜景

九如桥鸟瞰

九如桥夜景：位于九如路跨东风渠处

九如东桥：位于九如东路跨东风渠处

九如东桥夜景

彩云西桥;位于龙湖外环东路跨东风渠处

彩云西桥夜景

彩云东桥：位于祭城路跨东风渠处

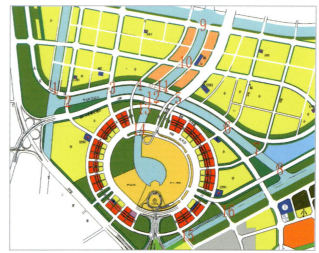

桥梁分布图

商务内桥：CBD 商务内环路跨南北运河桥

商务外桥、冬意桥：CBD商务外环路、黄河东路跨南北运河

秋意桥：龙湖环南路跨南北运河

夏意桥：农业东路跨南北运河

春意桥：东风东路跨南北运河

一统桥：众意西路跨东西运河

上图 二圣桥：众意西路跨东西运河
下图 五岳桥：九如路跨东西运河

上图 六合桥：九如东路跨东西运河

下图 通泰桥：通泰路跨熊耳河

上图　七贤桥：祭城路跨东西运河

下图　聚源桥：聚源路跨熊耳河

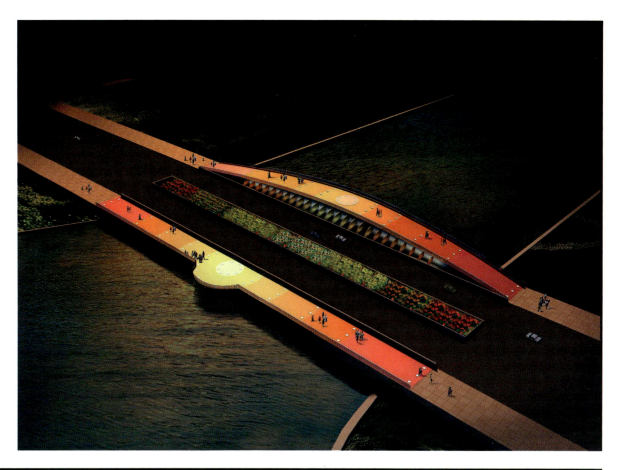

上图 金汇南桥：龙湖外环南路跨金水河
下图 七里河桥：中兴路跨七里河

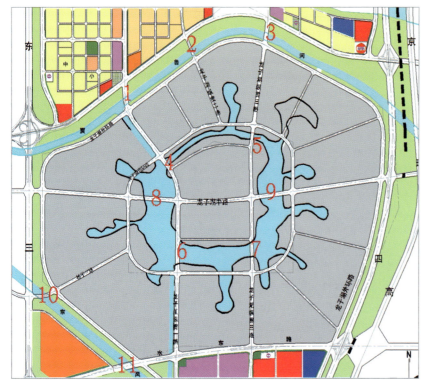

上图 王新桥：金水东路跨东风渠
下图 桥梁区位图

相济东桥：相济路跨东风渠

博学北桥：博学路跨魏河

姚桥：姚夏路跨魏河

明理北桥：明理路跨魏河

崇德西桥：博学路跨龙子湖（湖北侧）

崇德东桥：明理路跨龙子湖（湖北侧）

上图 尚贤西桥：博学路跨龙子湖（湖南侧）

下图 尚贤东桥：明理路跨龙子湖（湖南侧）

上图 望龙西桥：祭城路跨龙子湖（湖西侧）

下图 望龙桥：祭城路跨龙子湖（湖东侧）

金水东路跨东风渠

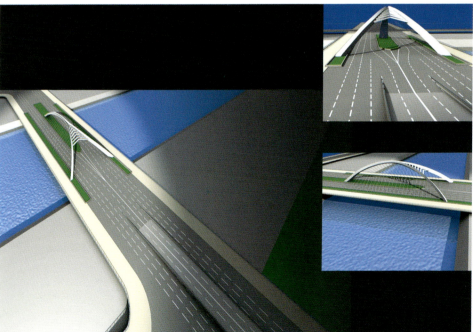

国家森林公园规划设计 ④
Planning and Design for National Forest Park

设计单位：香港爱地时代国际设计顾问(香港)有限公司
Idea state.co.,Ltd

国家森林公园规划设计
Planning and Design for National Forest Park

委托单位：郑州市郑东新区管理委员会
编制单位：爱地时代国际设计顾问（香港）有限公司
评审时间：2005.6

1 项目背景

国家森林公园景观设计于2005年6月23日召开评审会，中标单位为爱地时代国际设计顾问（香港）有限公司。现状是以鱼塘和果园用地为主，部分娱乐设施穿插其中的城市休闲公园，整体平面较为杂乱、分散，未形成整体体系。旨在通过此次设计，将其建设成为具有整体生态规划、植被丰富、多重娱乐功能特征的城市森林公园。

平面位置

1. 西入口 2. 喷泉 3. 入口构筑物 4. 生态停车场 5. 溪水 6. 木栈桥 7. 木栈道 8. 观景木平台 9. 开放草坪 10. 电瓶车站台 11. 登山道 12. 沙滩 13. 防火塔 14. 水潭 15. 景观主轴线 16. 果林 17. 农庄 18. 次入口 19. 隧道场 20. 野战场 21. 餐厅 22. 拓展保留地 23. 野营俱乐部 24. 室外平台 25. 玫瑰花阶 26. 北入口 27. 林阵广场 28. 人行路口 29. 人行出入口 30. 人行出入口 31. 灯塔 32. 微坡场地 33. 休闲小广场 34. 泊船处 35. 啤酒广场 36. 草坪阶梯 37. 竹林茶馆 38. 生态林区 39. 景观廊架 40. 树阵广场 41. 丘顶石景 42. 块状林 43. 阳光草坪 44. 微坡地雕 45. 凹圆地雕 46. 块状森林 47. 临水平台 48. 滨水漫步道 49. 特色林带 50. 花田烂漫 51. 花博中心 52. 水体 53. 主环路 54. 儿童游艺场 55. 水上剧场 56. 游泳馆 57. 钓鱼俱乐部 58. 滨水浴场 59. 木栈道 60. 野鸭观赏点

鸟瞰图

2.规划内容

2.1 设计理念

（1）总体思想：把握郑州城市环境特点，符合新区总体规划提出的生态城市理念，形成具有森林特征的城市公园。

（2）城市层面：展示现代化国际性城市副中心。

（3）意向层面：表达和丰富城市情感的文化地域。

（4）行为层面：展现城市整体特征的生态旅游地区。

（5）空间特质层面：对于地理特征及历史文脉产生强烈确定与认同的城市公共空间，是向崇尚自然观念的现代生活方式的积极引导。

（6）生态环境层面：改善区域环境并对大生态环境产生正面影响，使龙湖成为郑州的绿肾，而森林公园成为龙湖最集中的水源涵养地。

郑州市结构布局分析图

郑东新区作为新郑州的形象代言人，在地理位置上占有举足轻重的地位。并将发展成为郑州的核心，为郑州的"肺"。

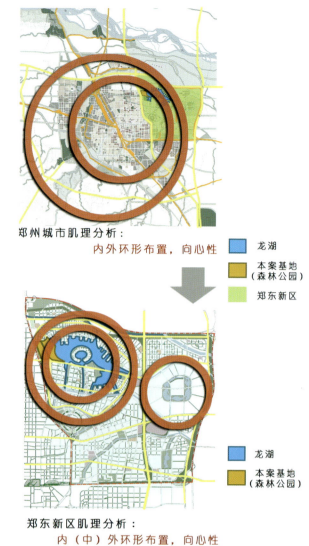

郑州城市肌理分析：
内外环形布置，向心性

郑东新区肌理分析：
内（中）外环形布置，向心性

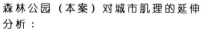

森林公园（本案）对城市肌理的延伸分析：
依据城市道路延伸，面向CBD副都心，向心性

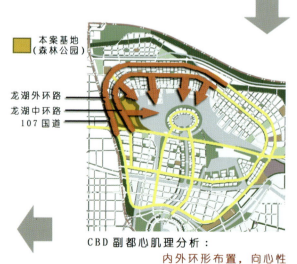

CBD副都心肌理分析：
内外环形布置，向心性

2.2 植物配置规划

森林公园植物配置总体以常绿植物为主，落叶植物为辅，乔灌木与地被相结合。又以山脉为界限分为三大板块：临近中州大道的两座主要山体即公园的西界面，植物规划统一的基调树种，在山腰规划种植开花乔木，在不同的季节都给行人留下深刻的色彩印象；在被龙湖中环路穿越的山体的两个界面上，以地形为骨架，考虑多种植枝叶浓密、常绿的树种，加强"森林"的气氛；在龙湖与公园的过渡中，有多种水的形态，湿地、鱼塘、滩涂等。植物规划围绕水为主题，种植常绿与色叶树种，体现植物多样性。

基调树种：

常绿植物有侧柏、圆柏、女贞、雪松、广玉兰、枇杷、石楠；

落叶植物有黑杨、悬铃木、榆树、国槐、栓皮栎、黄山栾。

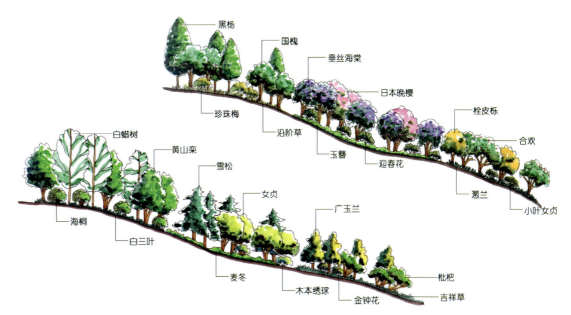

山体植物立面示意图

2.3 功能分区

规划的森林公园具有多重休闲娱乐功能，功能分区有休闲活动区、林业观光区、滨水活动区、花博植物园区、生态保护区、森林山地运动区、果园、体验式活动场地等用地。

- 休闲活动区：风筝、写生、野餐、露天剧场、民族文化节、草坪活动等用地
- 林业观光区：林业生产及展示基地
- 滨水活动区：亲水景观区，提供老人与儿童活动场地，规整与还原渔业鱼塘等用地。
- 花博植物园区：花博中心、花圃、蕨园、精品植物等用地。
- 生态保护区：湿地、野生动物之家、水上迷宫、雾景园等用地。
- 森林山地运动区：漂流、山地活动、天然氧吧、自行车、攀岩、野生动物之家、天籁园等用地。
- 果园、体验式活动场地等用地。
- 入口广场、大草坪、标识物等用地。

功能分区图

2.3.1 滨水活动区

滨湖亲水景区

景区由垂钓渔乐区、临水漫步道、水上剧场及山地浴场和儿童游艺场组成。临水漫步按设计指导方向在沿龙湖边形成连通的步行道，此道在此景区局部放大与水全方位的接触。作为景观轴线端点的水上剧场，与城市副CBD互为对景，隔湖相互呼应。垂钓渔乐区在保留现状渔塘的基础上设计成为老年人及钓鱼爱好者喜爱之所。相邻的山地浴场是家庭共享水趣之处，水边的游艺处是儿童少年游艺嬉戏的场所，在此景区较聚集地形成了一个三世同堂的互动游乐的地方，是周末闲暇之余全家人共享的天堂。

索引图

主要景点：
水上剧场
临水漫步
少儿游艺
滨水浴场
垂钓渔乐

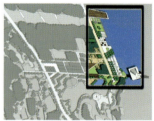

索引图

局部透视图

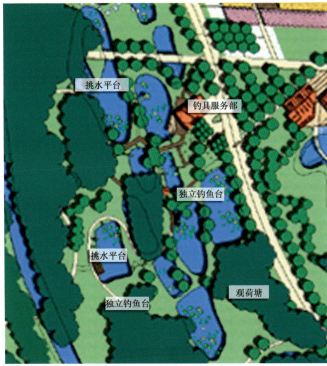

垂钓渔乐景点平面

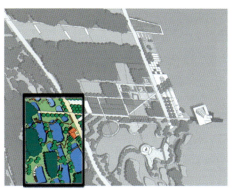

索引图

郑东新区
城市设计与建筑设计篇

2.3.2 果园农庄

此景区以保留移载原有的果树为大的环境背景，在其中设计了富有农家特色的院落，并与全园最高的山相结合，形成风情化、体验式的山脚农家庄园景观。主要景点：

果林飘香：对现有果林疏理，呈现一定的基理，并在其中散植了其他树种，避免了物种的单样性；移部份梨树，与地形相结合，设计成梯田状，让游人在此体会更多的空间形态；增加了桃、石榴等其他品种。在果期，与亲朋好友可在此进行体验式摘果活动。

临风远眺：设于全园最高处观察平台，与瀑布的蓄水池相结合，可远眺龙湖，近观大片的果林，俯看脚下的水潭。

垂帘宕瀑：瀑布位于全园最高处，落差8m。瀑布的布点位于道路的拐弯处，营造了"先闻其声，后观其貌"感受，此点也是公园由东部进入西部的一个对景。

清波载乐：与地形相结合，设计落差7m，长约150m的林中漂流。

体验农庄：在果园中、山脚下，利用围墙、建筑、平台等组合设计成院落式农庄。在这里可以尝试自制果浆及品尝农家饭菜。

索引图

最高山峰植物设计

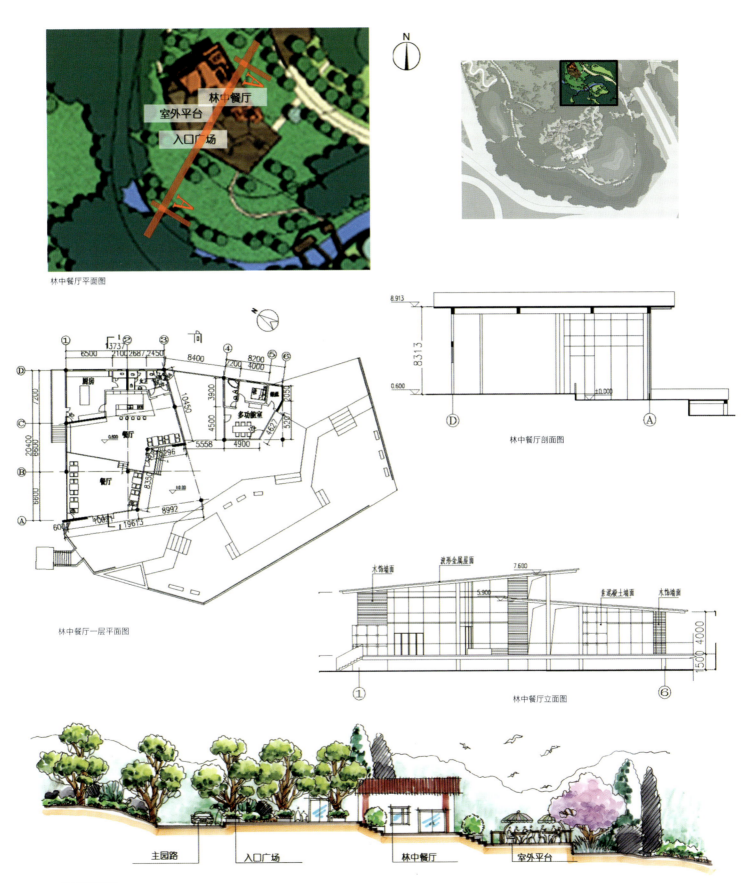

林中餐厅平面图

林中餐厅剖面图

林中餐厅一层平面图

林中餐厅立面图

林中餐厅剖面图

体验农庄平面图

索引图

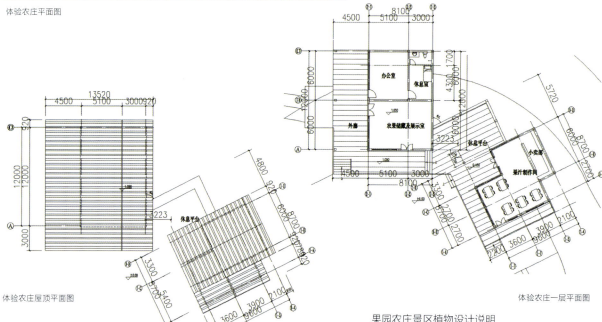

体验农庄屋顶平面图

体验农庄一层平面图

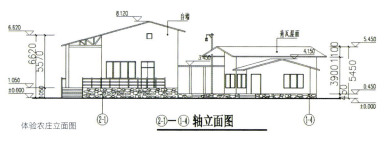

体验农庄立面图

果园农庄景区植物设计说明

结合功能与景观要求，植物以创造"清新流畅的空间"为主旨。该景区有果园、溪水、瀑布、漂流等，快而流畅，因此在植物配置上结合其动态，营造一种轻松愉悦的氛围。且有张有弛，疏密结合，留有余地供人观赏。景区植物以常绿植物为背景，并种植开花与色叶树。乔木、灌木、地被相搭配形成多层次的丰富景观。

选择植物时，在果园种植一些当地生长的果树，种植较为规整；野果园则随意散植于山坡、山底，如板栗、山楂；在水边种植开花与色叶植物；在农庄种植有乡土风情的植物。

另外最高山峰为突出强调其地形优势，在山顶选种了高大粗壮的黑杨与国槐形成混交林，更加强化了山体林缘线。

乔木：油松、侧柏、石楠、国槐、刺槐、榆树、枣树、柿树、杏树、梨树、日本晚樱、苦楝、紫薇

灌木：榆叶梅、棣棠、红枫、迎春花、小叶女贞、连翘

地被：葱兰、白三叶、麦冬、鸢尾

2.3.3 竞技森林区

在视线上实现将南北运河及两岸区域作为CBD地区和龙湖中心区的连接带的目标，主要体现在B1-1、B2-2和B3-1三块公共绿地上。在南北运河以西、东西运河以南地块，为了使南北运河和东西运河交汇处的主要景观节点可以直接望向CBD地区，建筑边界没有按照河岸边界轮廓向内平移，而是切成折线，以保证视线的畅通。在南北运河以东，东西运河以北地块，建筑用地边界同样没有将河岸轮廓直接平移，而是呈折线状。通过折线将人的视线向南引导向CBD地区，向北引导向龙湖中心区。

竞技森林景区植物设计说明

植物配置上力求与景区相呼应，因此该景区的主旨为开创"绿色运动的空间"，营造简单轻松的氛围，开展各种健康活动，使游人在运动的同时感受绿色气息。在树种选择上，乔木宜高大，分枝点高，且以绿色植物为主结合一些开花植物。

乔木：广玉兰、白皮松、黄山栾、朴树、黑杨、香椿、紫薇、桂花、垂丝海棠、金边马褂木、枇杷。

灌木：锦带花、蜡梅、紫玉兰、迎夏、黄杨。

地被：吉祥草、麦冬、玉簪。

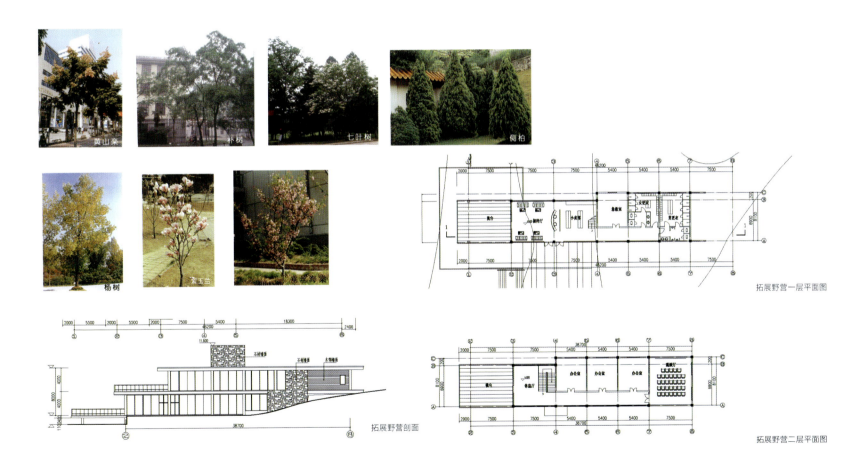

拓展野营一层平面图

拓展野营剖面

拓展野营二层平面图

2.3.4 花海林河景区：

此景区我们根据森林公园的性质及原有林的现状条件，设计了主要建筑"花博园"及建筑后山地起伏的"花田烂漫"景观，并有大片的各种色叶树成林种植形成特色林带景观。"竹韵茶清"茶馆是结合特色林带在竹林中开辟的一块闲情品茶对奕场所。

整个号区以植物造景，以不同的色叶，不同季相，不同林态展示给市民不同风情，以此来怡景养性，是提高市民对树种类的认识，对森林知识的进一步深化。

主要景点：

花博园馆

花田烂漫

特色林

玫瑰花阶

索引图

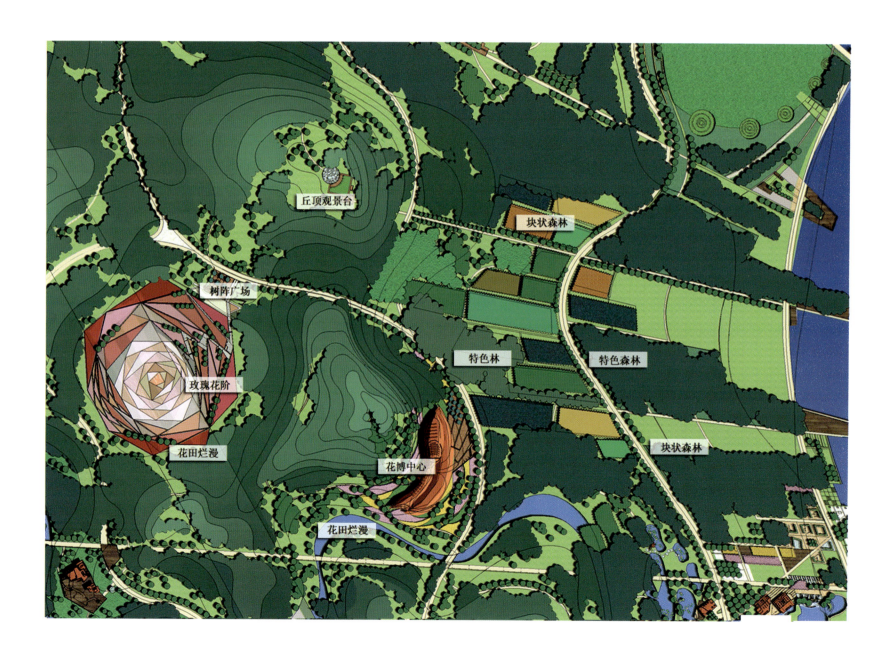

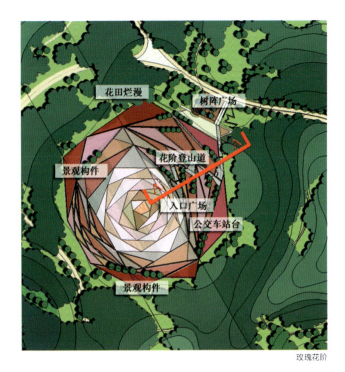
玫瑰花阶

索引图

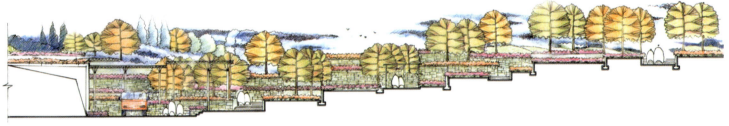
A-A 剖面图

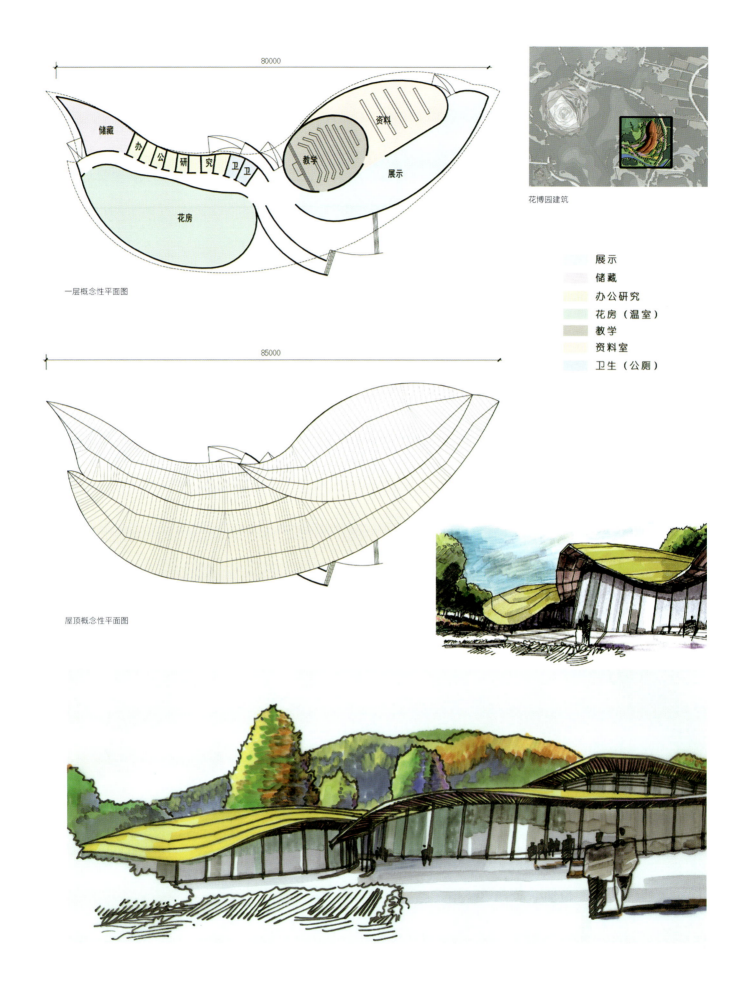

绿之海洋

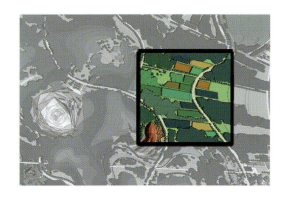

以不同的特色林带穿插，形成不同季相，不同色彩的林斑景观

湿地林区、野鸭观赏区平面图

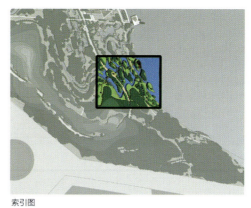

索引图

雾喷泉

芦苇池

木栈桥

索引图

郑东新区
城市设计与建筑设计篇 | 87

2.4 灯光设计

灯光设计主要集中于道路以及活动场地，在满足人们活动照明需求的同时，需具有一定的景观效果。

主要分为6种类型：

（1）步行道灯光效果：直路以特效地灯的效果标识，曲径采用草坪灯照明，照度要求柔和。

（2）桥下灯光效果：结合桥身的设计，作为形象入口，采用特别的照明设计，极具景观性。

（3）车行道灯光效果：高杆灯照明，满足较强照度要求，灯具样式选择简约风格。

（4）活动场地灯光效果：选用埋地灯形式，犹如绿地中散落点点星光，灯具高度不影响人们活动，且照度柔和自然。

（5）水体灯效果：人流多的地方选用较为光亮的照度，其余水面要求昏暗柔和。

（6）轴线灯光效果：选择明亮的，具有标识性的灯具。

步行道灯光效果
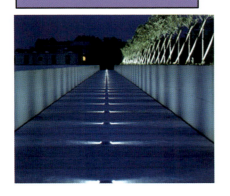

车行道灯光效果

活动场地灯光效果

水体灯光效果

桥下灯光效果
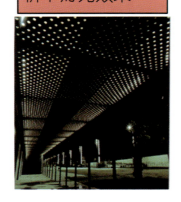

轴线灯光效果

| 入口广场铺装 | 轴线铺装 | 车行道铺装 | 木栈道铺装 |

2.5 铺装概念设计说明：

本方案铺装概念设计选用较为质朴及经济的材料，尽量将铺装融入森林绿地里。在满足功能需求的前提下，弱化其存在。我们对不同场地进行铺装类型划分，主要有5种类型铺装：

（1）入口广场铺装：主要集中在主入口、商业街等范围。选用具有特点的图案，表达一定的人文气息，选用较为质朴、古雅的砖类材料进行装饰，属于森林公园特有的人文气息立刻显示出来。

（2）轴线铺装：为公园的标志性道路。采用砾石装饰，显示其自然、质朴的特点。

（3）自行车道铺装：游走于山林之中的自行车道，选用小料石与砾石相结合的材料，曲线式的铺装形式，与环境融为一体。

（4）木栈道铺装：选用木材。木材特有的质朴感，能带给人们亲切的归属感，适合生态栈道设计。

（5）步行道铺装：选用整石、毛石等材料，自然而美观。

（6）停车场铺装：采用嵌草铺装。

步行道铺装

停车场铺装

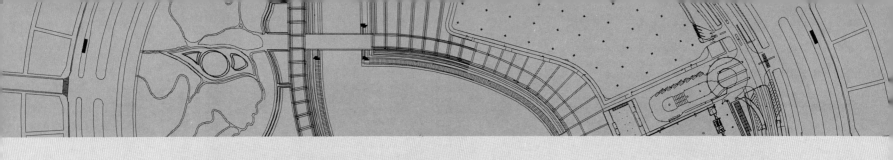

5 道路景观规划设计
Streetscape Planning & Design

设计单位： 北京北林地景园林规划设计院
BeiJing BeiLin Landscape Architecture Institute.co.Ltd

爱地时代国际设计顾问(香港)有限公司
Idea statea.co,Ltd

北京创新景观园林设计有限责任公司
BEIJING TOP-SENSE LANDSCAPE DESIGN LIMITED CO.

道路景观规划设计
Streetscape Planning & Design

委托单位：郑州市郑东新区管理委员会
编制单位：北京北林地景园林规划设计院；
爱地时代园林国际设计顾问（香港）有限公司；
北京创新景观园林设计有限责任公司

综述

城市道路景观是一个城市区域特色、人文自然面貌最直接的体现，也是点缀城市景色的一个亮点。东区道路景观设计特色为充足的绿量、开阔的植物景观、舒缓的节奏韵律和方向感，可识别性高。

根据道路开工建设情况，管委会规划部门、市政部门先后组织多次道路景观设计招标。

主要设计单位有：北京北林地景园林规划设计院（东风东路、农业东路、商鼎路等）；爱地时代国际设计顾问（香港）有限公司（金水路、商都路、博学路等）；北京创新景观园林设计有限责任公司（龙湖环路、如意东路、祭城路等）。

每条道路都呈现出各自的景观特色，丰富了郑东新区的道路建设景观。

东三环景观设计鸟瞰图

金水东路起步区段景观意向

郑汴路局部透视

1 郑东新区道路体系的特征

1.1 人性化的路网设计

郑东新区的路网结构，一般以 200~300m 为单位，形成小型街区，是一个建立在以行人步行为基础上的生活化尺度模式。这一路网特征充分体现了以人为本的基本原则，突出了以行人使用而非以机动车为主导，具有符合世界潮流的先进性。

1.2 路网结构主次分明，特征明显

郑东新区城市道路网不仅保持了城市总体路网骨架系统"环路加放射"的形式，同时通过 107 国道与老区道路系统紧密相连，成为郑州市城市总体路网系统的有机组成部分。起步区路网系统的基本格局为：新城中心区与龙湖南区为自由式路网格局，组团外围布置环形道路，拓展区为"三纵三横"的方格网式路网格局，在主干路网的基础上规划一圈环形次干道路。

1.3 根据郑东新区道路结构的特征，道路景观设计遵循的总体原则

由于郑东新区道路结构具有上面所提到的明确特征，因而在道路景观设计中分路段，分级别展开，形成在总体上能够体现以人为本的基本理念，既能满足车行尺度，又可以使行人使用时感到亲切方便。

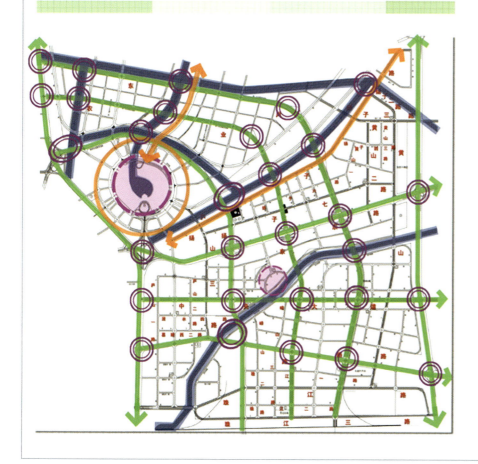

道路的景观级别与其通行能力并不完全一致，景观廊道的形成需根据廊道的景观性进行重新梳理。

一级景观网络由河道、主干路及部分次干路共同构成。景观特点大气、流畅、绿意盎然。

次干路和支路以其人性的尺度、统一的风格、安全周到的设施形成贴近居民的二级景观网络。

景观网络节点由与道路关系密切的城市景观区、景观廊道交叉点、道路河流转弯点等共同构成。

图例	说明
	河道形成的一级景观廊道
	主干道形成的一级景观廊道
	次干路形成的一级景观廊道
	次干路和支路形成的二级景观廊道
	景观网络节点

景观分析

2 规划内容

根据不同级别的道路，创造各具特点的郑东新区道路景观体系。新区道路景观总体定位如下：

主干道——展示新区城市形象和文化的绿色廊道，强调景观和绿量。

次干道——绿意盎然、富有节奏韵律感，安全、优美、舒适，设施完善、情景交融的道路景观。

支路——强调可识别性和方向感，人性化、宜人空间的塑造，生活化的尺度。

2.1 设计指导思想

2.1.1 以"共生城市"和"新陈代谢城市"设计理念为指导，使道路景观设计体现"历史与现代、新城与老城、自然与城市"对立依存、和谐相融的指导思想。

2.1.2 以相关规划设计为依据，充分结合、利用周边用地性质及环境特征，增强道路景观与周围环境的系统有机性与整体性。

2.1.3 根据道路的性质与功能，在满足交通、防灾、布置基础设施、界定区域等基本功能外，通过道路景观设计，使道路成为展现现代化城市景观与社会风情的重要通道。

2.1.4 重视郑州的历史文脉，维护新区环境的历史延续性。

2.1.5 以人为本，充分考虑人的行为心理感受，提高环境的舒适性，满足市民进行交往、游赏、娱乐、散步、休憩活动的需求。

2.1.6 突出新区特色，强调环境艺术的观赏性，创造独具魅力和个性的新区道路景观和公共活动空间。

2.1.7 严格执行《城市道路绿化规划与设计规范》，满足道路绿地率的指标要求，通过景观设计，使道路绿地成为联系城市绿地的绿色生态回廊，同时满足城市道路作为减灾、防灾通道的功能要求。

2.1.8 综合发挥社会、经济及环境效益，材料应用体现经济性、实用性及美观性原则。

2.2 设计原则

2.2.1 系统性原则

对影响到道路形象的各层面的因素进行规划和限定，加以综合化考虑，使道路景观与周围环境达到和谐与统一。

2.2.2 功能优先原则

功能是道路的重要特征，在满足交通、防灾、布置基础设施、界定区域等基本功能的基础上，对道路的景观观赏、交往、文化功能加以强化。

2.2.3 共享性原则

寻找步行交通与机动车交通之间的一个契合点，各类交通和谐相处。

2.2.4 人性化原则

以人为本，提高对人的关怀。注重人的活动和感受，提高环境的舒适性和景观的和谐性。

2.2.5 可识别性原则

强调道路景观的个性化塑造，增强空间的可识别性。

2.2.6 生态性原则

景观设计充分考虑生态效益及环境的生态环保性，道路总绿量充足，以植物造景为主。

2.2.7 经济性原则

综合考虑景观建设成本，种植、管理、景观小品及道路设施的材料应用考虑到实用耐久性及经济性。

2.3 各道路设计要点

根据道路的功能和周边用地性质确定每条路的整体风格，根据每条路的具体情况，确定分段风格特征。主干路的节点具有街区标志性景观的作用；次干路及支路节点主要是道路的交叉口、方向变化点、道路边界的变化点等。

2.3.1 主干路

道路总体景观风格简洁、开阔、流畅、大方，是新区形象和文化的展示廊道。路侧控制绿地综合考虑视觉景观效果和公共活动空间的塑造，创造富有现代生活气息的道路整体形象。

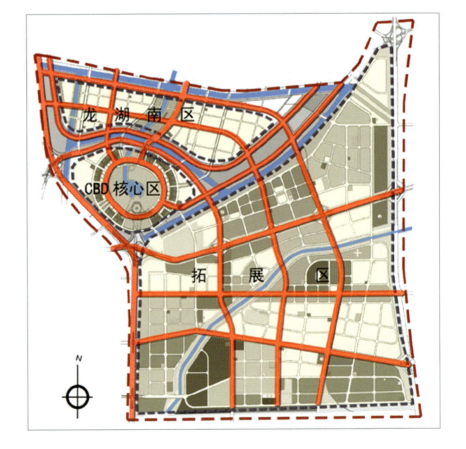

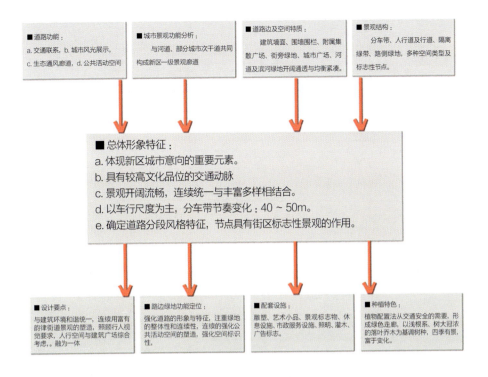

主干路景观定位

（1）东风东路及道路红线外控制绿地

东风东路是贯穿本区，具有较高文化品位的交通动脉，是新城老区相连共生的标志性景观路，也是体现新区城市意向的重要元素。

道路周边的新建筑构成了新区富有现代气息的城市景观，以此为背景，道路景观的设计，应注重体现现代感，反映新区的概念和城市意向。引入和渗透自然要素，结合灯光、雕塑、小品的设置，创造景观空间丰富、富有韵律，大尺度的道路景观作品。

东风东路效果图

节点1：道路北侧为东风渠滨河绿地，道路绿地设计以林的形式与之结合，形成统一的整体；道路南侧为居住用地，故采用密林的方式与道路相隔离，形成相对安静的居住环境；路中12m宽的分隔带以自然的种植方式形成整体的效果。

改造可保证种植土壤的良好，主要植物以春景为主包括：柳、玉兰、连翘、榆叶梅、迎春等。

节点2：道路两侧均为居住用地，景观设计时采用密林结合灌木的复层植物种植方法，提高绿量，同时起到防护作用，而组树形成的林荫大道景观也成为东风东路的景观特征。中央分车带为自然式的形态，主要植物为榕树、枫杨、雪松、连翘、紫叶李等。

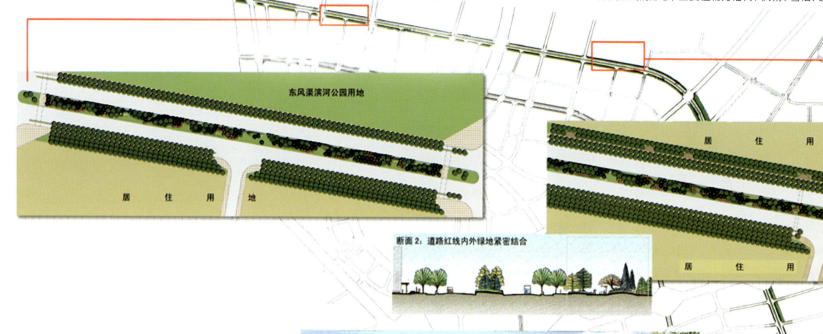

东风东路节点一

东风东路道路景观依据周边用地特征的不同，可分为两个类型，即：毗邻城市公园型和毗邻城市其他用地型。对于第一种类型的道路绿地，要求与城市公园紧密结合，使道路景观成为公园的一部分；对于第二种类型的道路绿地，应充分与周边用地的性质相协调，为周边用地服务。

东风东路位于郑东新区的外围，根据总体规划的结构布局特征，本道路景观应突出自然形态，并在此基础上，突出人性化的空间尺度。

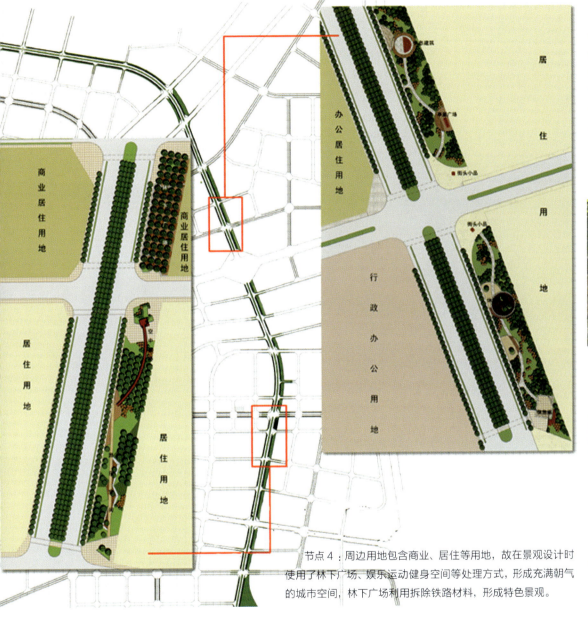

节点3：道路东侧红线外有平均30m宽的绿带，该类型节点的重点放在道路与红线外绿地的结合上，形成优美的沿街带状公园，既丰富道路景观，又可为周边居住用地中的居民服务。本节点中央分车带采用以夏秋景观为主要特征的植物，以密植方式形成自然式林荫大道。主要植物包括：枫杨、合欢、三角枫、白蜡、油松、铺地柏等。

节点4：周边用地包含商业、居住等用地，故在景观设计时使用了林下广场、娱乐运动健身空间等处理方式，形成充满朝气的城市空间，林下广场利用拆除铁路材料，形成特色景观。

东风东路节点二

东风东路节点三

节点5：本节点位于东风东路南端，两侧均为大面积城市仓储用地，因此在道路景观设计中以自然林木为主体，将仓储建筑与城市道路相隔离，形成良好城市景观。同时，该节点中设计部分为市民服务的设施，以提高绿地的使用率。

（2）农业东路及道路红线外控制绿地

农业东路是个性鲜明、充满活力的生活服务性交通动脉，具有变化丰富的道路边界。

道路景观和路侧绿地设计应考虑城市文化的渗入和人的参与，强调环境的舒适性及景观的和谐性，创造具有节奏韵律感及有机序列的道路景观。绿化带的整体性和连续性强，重视人的使用。

农业东路效果图

都市的节奏：启

农业东路在西端起点、熊耳河北段外侧用地为新区生态回廊用地，在七里河北岸段外侧为公园用地。这些地段既是新老城区的联系点，也是城市与自然共生的起始点。因此在设计上强调绿视率，增强乔木尤其是大乔木的比重，减少人工化的装饰性色带的使用，突出鲜明的季相变化。

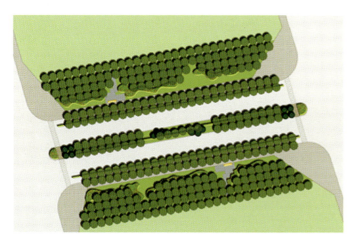

与107国道连接段平面示意 1:500

植物选择：
上层：悬铃木、馒头柳、雪松
中层：广玉兰、桧柏、红瑞木、木槿、金银木
下层：沙地柏、白三叶、二月兰、麦冬

断面示意图

农业东路节点一

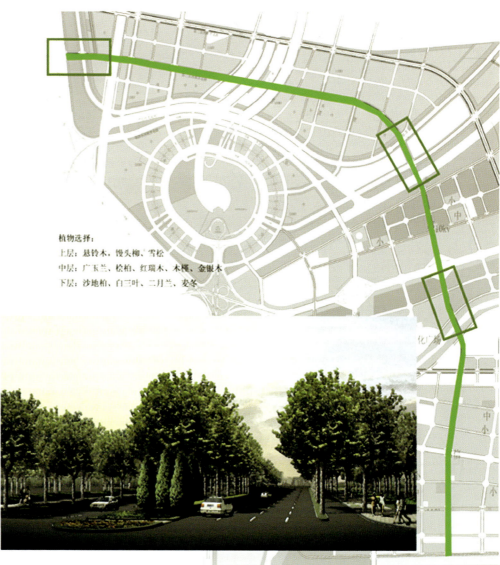

都市的节奏：承

农业东路作为城市主要干道，交通流量较大，同时由于新区路幅较宽，道路交叉口较多。由此，我们在中央隔离带的设计上通过对节奏的把握，起到提示作用。以50m为模数交替出现以乔木为主和以绿篱修剪为主的种植单元。在植物高度以及修剪绿篱的长度上增加变化，在丰富景观变化的同时完善道路功能。这种的设计多运用在与新区内其他城市主干道交叉的路段。

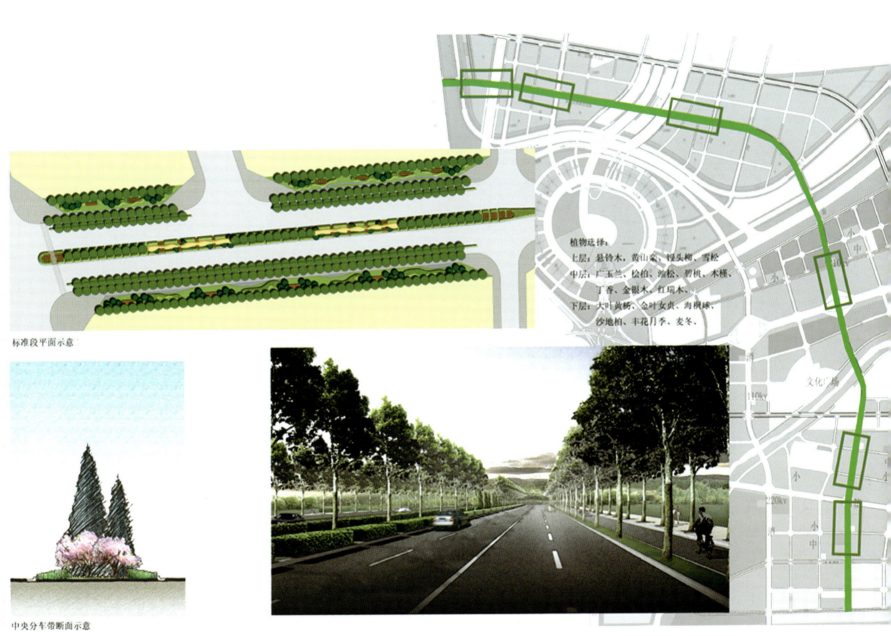

标准段平面示意

中央分车带断面示意

农业东路节点二

都市的节奏：合

由于郑东新区的用地性质主要为居住用地，农业东路两侧分布着大量的住区。因此在设计中我们将城市主干道路的尺度和居民日常生活结合起来。在有外侧绿化带的区段通过增加漫步道、健身路等设施、场地，将道路景观生活化。充分体现郑东新区"共生城市的设计理念。"

植物选择：
上层：悬铃木、银杏、元宝枫、白皮松、油松
中层：玉兰、广玉兰、桧柏、云杉、白扦、青扦、
　　　红瑞木、木槿、金银木、紫叶李、棣棠、迎春、
　　　樱花、樱桃、日本晚樱、白丁香、紫丁香、
　　　榆叶梅、迎春、连翘、珍珠梅、棣棠、迎春、
　　　天目琼花、菱叶绣线菊、木本绣球等
下层：白三叶、麦冬、沙地柏、玉簪、萱草、宿根福禄考、
　　　石竹、紫花地丁等

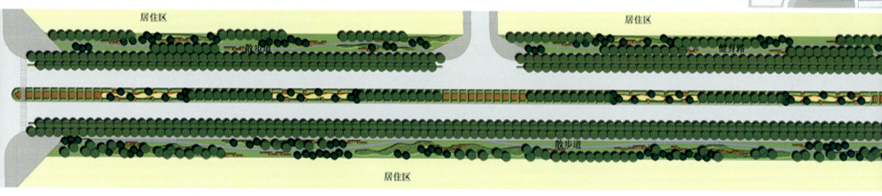

住区段平面示意

农业东路节点三

都市的节奏：转

由于农业东路贯穿整个起步区，沿途有多段商业、办公用地。在这里需要大量的公共的交往空间。因此我们在设计上重点考虑行人的视觉感受。通过园林小品的运用、台层的处理、空间界面的变化为在都市中的行色匆匆的人们提供了驻足的空间，增加了城市道路空间的情趣，转变了道路的单一交通功能。

十字运河东段平面示意

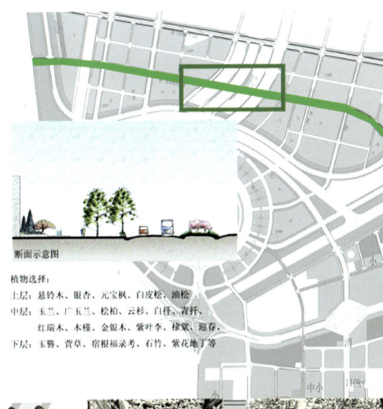

断面示意图

植物选择：
上层：悬铃木、银杏、元宝枫、白皮松、油松
中层：玉兰、广玉兰、桧柏、云杉、白扦、青扦、红瑞木、木槿、金银木、紫叶李、棣棠、迎春、
下层：玉簪、萱草、宿根福禄考、石竹、紫花地丁等

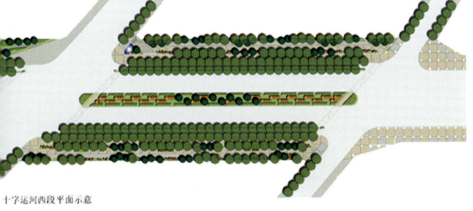

十字运河西段平面示意

农业东路节点四

（3）商鼎路

横贯新区的交通服务性干道，富有时代精神和文化气息。

景观设计应强化道路的形象与特征，具有一定的环境艺术设计；道路景观开阔、流畅，具有连续的节奏韵律和一定的视觉冲击力，并具有现代化商业金融特征，同时照顾人行道空间的基本尺度。

商鼎路效果图

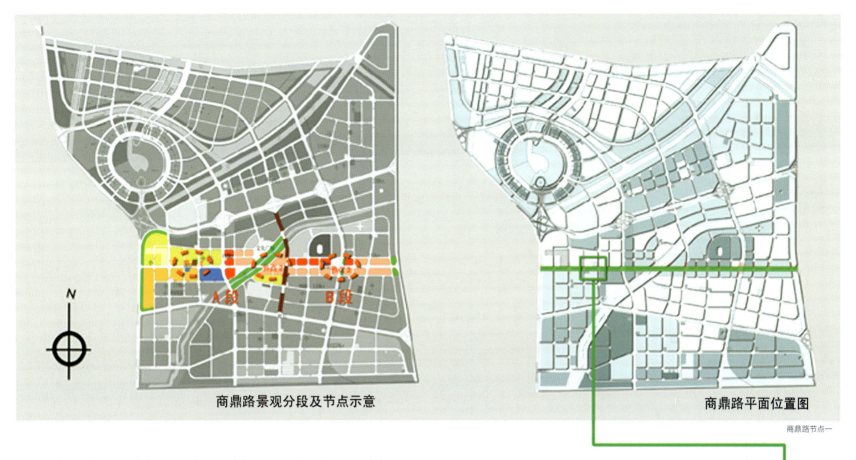

商鼎路景观分段及节点示意 　　商鼎路平面位置图

商鼎路节点一

中央大道位于起步区中心，西自107国道至东至四环，全长4803m，为城市东西向主干路，道路宽度50m。是联系本区与环路的东西向主干道，起着承担中心区大流量交通的作用。中央大道横贯七里河，周边用地以居住、村庄安置、商业金融用地为主。

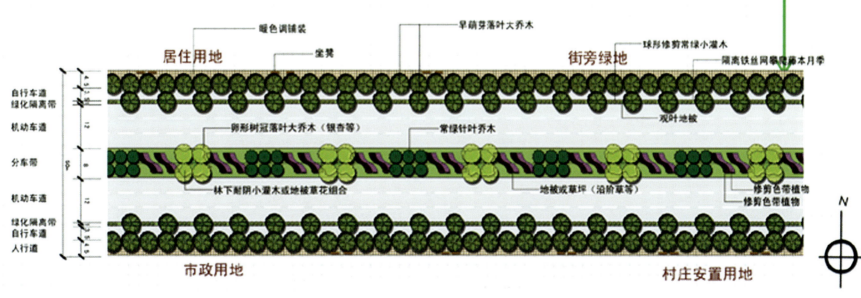

　　商鼎路横贯新区，为快速通过的交通性干道。因此道路景观特征应强化时代精神和城市印象，景观设计应强化道路的形象与特征，具有一定的环境艺术设计，道路景观开阔、流畅、大气，具有连续的节奏韵律和一定的视觉冲击力，并具有现代化商业金融特征，同时照顾人行道空间的基本尺度。

　　中央大道车行速度较快，中央分车带宽8m。因此，分车带景观塑造以车行尺度为依据，以40m为一个节奏变化点，整体风格连续而统一，根据道路与周边用地的变化和功能分析，在中下层植物的配置及行道树种上分A、B两段进行变化。

　　A段——以居住用地为主，强调宁静而亲切宜人的空间塑造，分车带下层配置一定量的观花及彩叶植物，行道树采用早萌芽落叶大乔木，林下间植草本花卉或草花组合，人行道采用暖色材料。

　　B段——以商业金融及混合用地为主，强调活泼明快、富有现代商业金融特征的空间塑造，分车带中下层采用常绿修剪色带植物，人行空间更多关注行人的使用，人行道铺装采用冷色系砖材。

人行步道空间

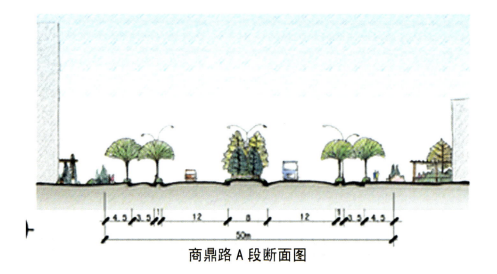
商鼎路 A 段断面图

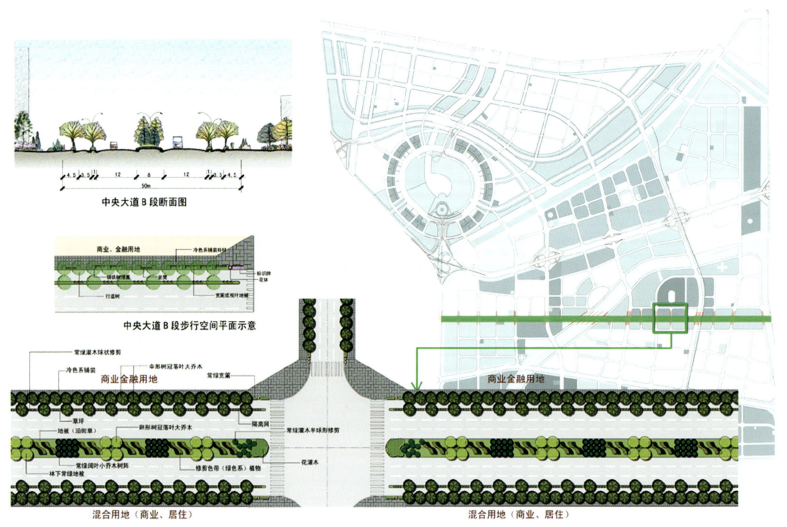
中央大道 B 段断面图

中央大道 B 段步行空间平面示意

商鼎路节点二

2.3.2 次干路

(1) 永平路

是新区次干路环网的南环路,连接组团、服务于批发物流及村庄安置用地内的居民。景观设计应注重车行尺度,塑造简洁、整齐的道路景观。

(2) 熊耳河路

平行于熊耳河新区次干路环网的的北环路,主要服务于村庄安置用地内居民。道路景观塑造应引入因借自然要素,与滨河绿地景观协调统一,景观连续。

(3) 相济路

横穿熊耳河,连接东部组团的交通性次干路,主要服务于村庄安置用地内居民。根据道路边界的变化分段设计,道路景观明快、景色丰富。

(4) 中兴路

平行于东四环的新区东环路,道路边界封闭度高,景观应分段适当变化,整体风格简洁、大气、流畅。

(5) 安平路

平行于陇海铁路、连接老区与东部组团的交通性次干路,服务于批发物流及村庄安置用地内的居民。景观设计服务于交通功能,分段适当变化,注重车行尺度,塑造简洁、整齐的道路景观。

(6) 聚源路

CBD核心区与起步区的连接次干道,应考虑周边特殊用地及居住用地内人群使用。稳重、高品位、风格鲜明。

(7) 正光路

稳重、体现时代精神的政府街,考虑周边混合用地内人群使用。开阔、流畅、景观和谐、分段变化。

(8) 心怡路

服务于周边村庄安置用地的生活性次干道,活泼、明快,照顾人行道空间的基本尺度,注重景观的识别性及场所感。

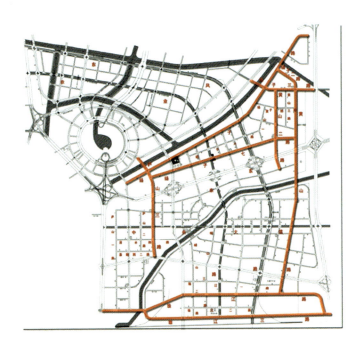

次干路景观构思

规划支路位置　　　　　　　　　　周边用地分析　　　　　　　　　支路植物景观规划

2.3.3 支路

14条支路为连接村庄安置用地及本区内主次干路的城市生活服务性支路。人行道两侧灵活布置，提供小型宜人休息空间；植物色彩丰富、较高绿化水平的道路景观；特色鲜明、景色优美。

支路特点：

贴近居民；
路网密度大、道路数量多；
道路红线宽度相对较窄；
道路长度相对较短；
周边用地以居住用地为主

设计对策：

支路景观强调生活化的景观和尺度，在有限的空间通过多样化的花卉灌木、垂直绿化、精致的小品等服务于车辆和行人。
在整体景观风格的规划方面，南北向的道路以体现秋冬景观为主，东西向道路以体现春夏景观为主，在体现植物景观变化的同时，增加城市的方位感。

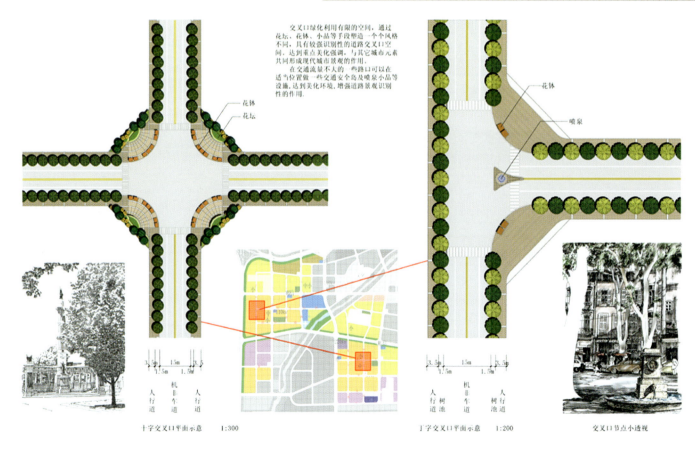

支路景观节点一

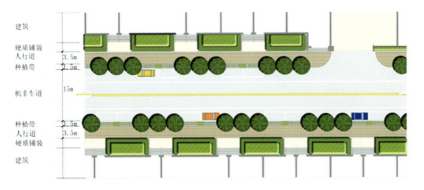

支路绿化方案（三）

方案(三)剖面

建筑开口较为密集的支路，建议增设一些嵌草铺装于种植带中，方便人们停车后的穿行需求，同时起到保护植物、加强园林景观的作用。

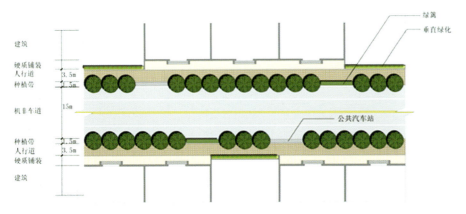

支路绿化方案（四）

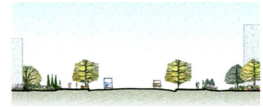

方案(四)剖面

当支路两侧为建筑墙体时，路缘绿化强调使用攀援植物、灌木花卉等多做立体绿化，增加绿量，美化环境。行道树种植带，与建筑、场地、公交车站等密切结合，灵活布置。

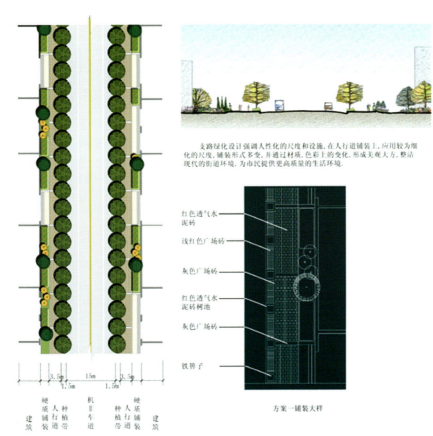

支路方案（一） 1：300

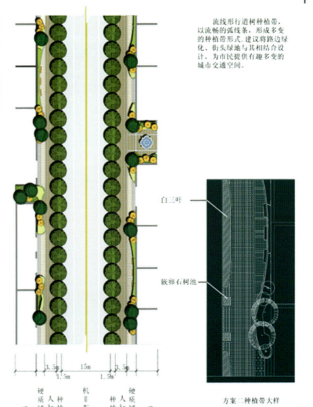

支路方案（二） 1：300

支路景观节点二

2.4 种植设计

包括分车带、人行道绿化、行道树、基础绿化、道路红线外控制绿地等几种形式，总体植被景观结构塑造以高分枝点树冠整齐的大乔木为基调，强调常绿树种的使用，根据道路整体及分段景观功能定位，确定具体种植形式及树种。树种选择以适地适树为主，增加单位面积上的植物绿量，考虑节水绿化。

2.4.1 主干路

（1）景观结构——大尺度、开阔的植物景观结构，强调舒缓的节奏韵律。

（2）种植方式——包括自然式、规则式及混合式。

（3）种植结构——以冠大荫浓、高分枝点、行列式种植的落叶乔木为基调，以林下等距离种植富有节奏韵律感的灌木群落、修剪整齐的低矮色带植物及地被为主调，以自然式种植的花灌木、草本花卉为配调，形成高低错落、层次参差、四季有景的植物景观。

（4）路侧绿地——乔、灌、草组成复合层次结构，不规则式林带形成自然、林冠线变化丰富的秩序化空间。

（5）特征植物——

上层：国槐、馒头柳、白蜡、元宝枫、法桐、银杏、白皮松、油松。

中层：石楠、大叶女贞、紫叶李、碧桃、石榴、迎春、丁香。

下层：大叶黄杨、小叶黄杨、金叶女贞、紫叶小檗、丰花月季、小龙柏、沙地柏、草本地被。

（6）指标要求——绿地率≥30%，落叶树：常绿树≈1：1；分车带节奏韵律变化：40～50m。

2.4.2 次干路

（1）景观结构——强调绿量，尺度适中的生态及人性化的植物景观，富有节奏韵律变化。

（2）种植方式——自然式为主，兼具规则式，弱化人工痕迹。

（3）种植结构——以冠大荫浓、高分枝点、行列式种植的落叶乔木为基调，以分车带中等距离变化、不同组合方式、不同图案的树阵为主调，以花灌木、修剪色篱、地被组合为配调，形成绿意盎然，植物配置方式丰富多变、景色优美迷人的人性化街道植物景观。

（4）特征植物——

上层：黄山栾、千头椿、国槐、白蜡、元宝枫、枫杨、银杏、油松、桧柏。

中层：石楠、大叶女贞、海棠、榆叶梅、碧桃、石榴、连翘、迎春、南天竹；

下层：小叶黄杨、金叶女贞、紫叶小檗、丰花月季、沙地柏、白三叶、红三叶、早熟禾。

（5）指标要求——绿地率≥25%；落叶树：常绿树≈1：1，分车带节奏韵律变化：30m。

2.4.3 支路：

（1）景观结构——生活化的景观和尺度，人性化的空间，强调方位感和可识别性，南北向道路体现秋冬景观、东西向道路体现春夏景观。

（2）种植方式——规则式。

（3）种植结构——以冠大荫浓、高分枝点、行列式种植的落叶乔木为基调，以林下有限空间内下层花灌木、地被为配调，形成空间精致多样、易于识别、生动有趣的植物景观。

（4）特征植物——

上层：黄山栾、法桐、国槐、白蜡、元宝枫、银杏、大叶女贞、油松

下层：小叶黄杨、丰花月季、白三叶、菱叶绣线菊、沿阶草。

（5）指标要求——绿地率≥20%；落叶树：常绿树≈3：2。

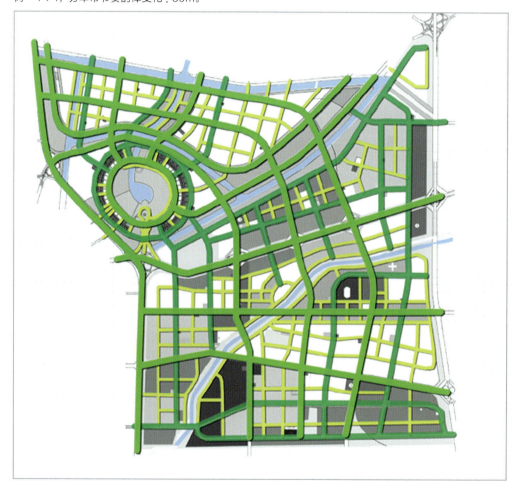

- 景观结构——大尺度、开阔的植物景观结构，强调舒缓的节奏韵律。
- 种植方式——包括自然式、规划式及组合式。
- 种植结构——以冠大荫浓、高分枝点、行列式种植的落叶乔木为基调，以林下等距离种植富有节奏的律感的灌木群落、修建整齐的低矮色带植物及地被为主调，以自然式种植的花灌木、草本花卉为配调，形成高低错落、层次参差、四季有景的植物景观。
- 路侧绿地——乔、灌、草组成复合层次结构，不规则式林带形成自然、林冠线变化丰富的次序化空间。
- 特征植物——上层：国槐、馒头柳、白蜡、元宝枫、法桐、银杏、白皮松、油松；
  中层：石楠、大叶女贞、紫叶李、碧桃、石榴、迎春、丁香；
  下层：大叶黄杨、小叶黄杨、金叶女贞、紫叶小檗、丰花月季、小龙柏、沙地柏、草本地被。
- 指标要求——绿地率≥30%；落叶树：常绿树≈1：1；分车带节奏韵律变化：40～50m。

- 景观结构——强调绿量，尺度适中的生态及人性化的植物景观，富有节奏韵律变化。
- 种植方式——自然式为主，兼具规则式，弱化人工痕迹。
- 种植结构——以冠大荫浓、高分枝点、行列式种植的落叶乔木为基调，以分车带中等距离变化、不同组合方式、不同图案的树阵为主调，以花灌木、修剪色篱、地被组合为配调，形成绿意盎然，植物配置方式丰富多变，景色优美迷人的人性化街道植物景观。
- 特征植物——上层：黄山栾、千头椿、国槐、白蜡、元宝枫、枫杨、银杏、油松、桧柏；
  中层：石楠、大叶女贞、海棠、榆叶梅、碧桃、石榴、连翘、迎春、南天竹；
  下层：小叶黄杨、金叶女贞、紫叶小檗、丰花月季、沙地柏、白三叶、红三叶、早熟禾。
- 指标要求——绿地率≥25%；落叶树：常绿树≈1：1；分车带节奏韵律变化：30m。

- 景观结构——生活化的景观和尺度，人性化的空间，强调方位感和可识别性，南北向道路体现秋冬景观、东西向道路体现春夏景观。
- 种植方式——规则式。
- 种植结构——以冠大荫浓、高分枝点、行列式种植的落叶乔木为基调，以林下有限空间内下层花灌木、地被为配调，形成空间精致多样，易于识别、生动有趣的植物景观。
- 特征植物——上层：黄山栾、法桐、国槐、白蜡、元宝枫、银杏、大叶女贞、油松。
  下层：小叶黄杨、丰花月季、白三叶、菱叶锈线菊、沿阶草。
- 指标要求——绿地率≥20%，落叶树：常绿树≈3：2。

2.5 色彩

配合新区"浅灰、乳白、黄色"明快淡雅的建筑色彩风格，道路景观色彩应与新区的整体城市色彩相协调，整体考虑，总体形成多样的城市空间明亮的色彩。

2.5.1 绿化——以深绿色为主调，结合周围环境，综合运用淡绿、深绿、墨绿各种绿色系，配合彩叶及开花植物的运用，色彩运用明快大方。

2.5.2 铺装——分为冷暖两大色系，道路周边以居住用地为主的路段，采用高明度、低彩度的暖色调，给人以健康、明朗、安全、愉悦、轻松、温馨的感觉。以其它用地为主的路段主要采用冷色调，符合整体环境的审美要求。

2.5.3 设施与小品——根据景观需要，与周围环境形成和谐或对比的关系。

2.6 设施

2.6.1 雕塑与艺术小品设计

主要以当代艺术或历史为主题，强调各个空间的特征和主题。

2.6.2 休息服务与市政设施设计

根据道路的功能和景观定位，对各类设施进行关联组合，进行运用，既为居民、行人带来方便，又与道路整体景观相协调。

2.6.3 人行道铺装设计

以透水砖为主要材质，根据功能和景观需要进行场地和人行道路铺设，形成富有场所感、方向感、统一感的材质特色。

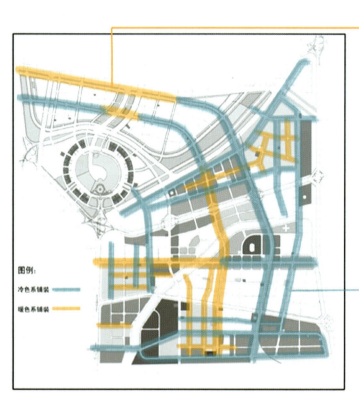

暖色系

冷色系

主干道：根据其交通功能及周边用地性质分段考虑其冷暖色系铺装的使用。

次干道：以冷色系铺装为主。

支　路：根据使用者的需求，铺装的选用主要以暖色系为主，在部分地段根据周边用地性质选用冷色系铺装。

道路铺装色彩

2.6.4 照明系统与设施设计

为保持起步区道路照明系统的景观统一性，应依据并参照CBD中心区道路照明设计风格，灯具简洁、大方，体现新区城市意向。主干路选用冷暖色灯光进行搭配，次干路和支路主要选用暖色系灯光，以体现生活性为主。

起步区道路照明设计应呈现路网的整体结构，结合不同道路的功能和景观特点进行灯光和灯型的搭配设计。主干路体现城市的景观形象选用冷暖色灯进行搭配，次干路和支路以体现生活性为主，主要选用暖色系灯光。

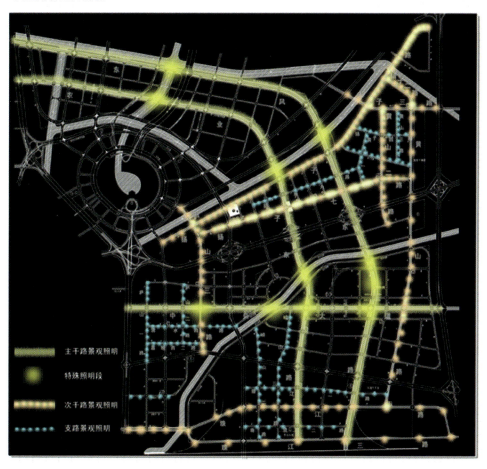

为了保持起步区照明的景观统一性，黑川纪章建筑都市设计事务所对CBD中心区进行的照明设计风格可延续到起步区的其它道路，这里选取了一些CBD简洁、大方的灯具造型示意。

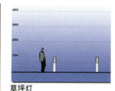

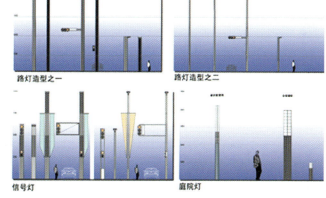

2.6.5 喷灌系统与设施设计

主、次干路分车带建议采用喷灌系统，其余绿地建议采用浇灌系统。

2.6.6 广告和道路标识系统

（1）统一规划，避免影响建筑物及公共环境的景观效果；

（2）提供使用街景特色更加突出，使用效率更高的标识物；

（3）考虑居住环境的舒适性和公共空间的视觉质量；

（4）保证行人和机动车驾驶者的安全。

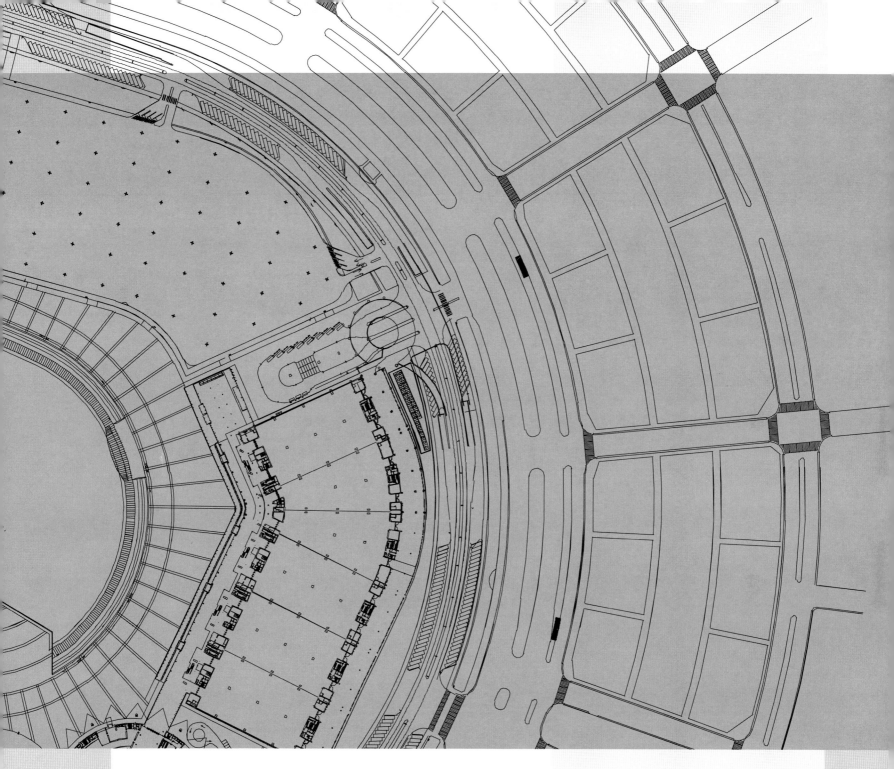

建筑设计

第二部分
Part II

Architectural Design

第二部分 / Part II

建筑设计
Architectural Design

- 117 行政办公建筑 Administrative Office Buildings
- 148 医疗卫生建筑 Medical and Hygienic Buildings
- 154 商业金融建筑 Commercial & Financial Construction
- 178 教育科研建筑 Education and Scientific Research Buildings
- 208 文化娱乐建筑 Culture and Entertainment Constructions
- 216 居住建筑 Residential Buildings
- 266 市政基础设施 Municipal Infrastructure

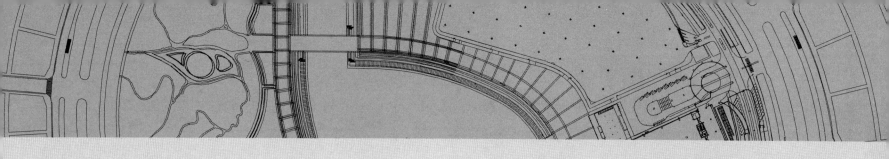

行政办公建筑
Administrative Office Buildings 1

中石化河南石油分公司办公楼
Sinopec Oil office Building, Henan Branch

河南鑫地科技广场
Henan Xindi Science and Technology Plaza

郑州市市政工程勘测设计研究院办新区科研综合楼
Scientific- research Complex Building of Zhengzhou Municipal Engineering Design & Survey Institute

河南省交通厅高速公路联网中心综合楼
Complex Building of Expressway Networking Centre of Henan Transportation Department

河南省地质博物馆综合楼
Complex Building of Henan Geological Museum

河南省郑州市中级人民法院
Intermediate People's Court of Zhengzhou City, Henan Province

煤炭工业郑州设计研究院办公楼
Office Building of Zhengzhou Coal Industry Design & Research Institute

郑州国家干线公路物流港综合服务楼
Complex Service Building of Zhengzhou National Arterial Highway Logistics Hub

郑东新区管理服务中心
Management Service Centre of Zhengdong New District

河南省疾病预防控制中心
Henan Disease Prevention and Control Center

河南出版集团
Henan Publishing Group

中南时代龙广场
South-China Times Square

鸟瞰图

中石化河南石油分公司办公楼
Sinopec Oil Office Building, Henan Branch

总平面图

建设单位：中国石化集团河南石油总公司
地　　址：农业东路西、正光路北
设计单位：郑州大学综合设计研究院
施工单位：中建七局（上海）有限公司
用地面积：17289.7m²
建筑面积：地上18375m²，地下5228m²
建设规模：地上9层，地下1层
主要用途：办公
设计时间：2006年8月

中石化河南石油分公司是隶属于中国石油化工股份有限公司的成品油销售企业，承担着河南全省65%以上的成品油供应。新办公楼位于郑东新区农业东路和正光路交叉口，总用地面积39524m²，实际建设用地面积28504m²。

大楼坐北面南，整体造型端庄大方，大楼内部分为办公区、会议区和食宿区三个功能区。大楼的设计体现了环保节能、园林化、现代化的设计原则，楼体一半以上的立面覆盖遮阳型LOW-E中空玻璃，确保建筑物的冬暖夏凉。楼体后退道路红线51m，前面形成广阔的绿化区域，装点出优美的办公环境和自然的绿色景观。楼内办公设施顺应信息时代的特点，装备有现代化的网络设施、会议设施和监控设施。

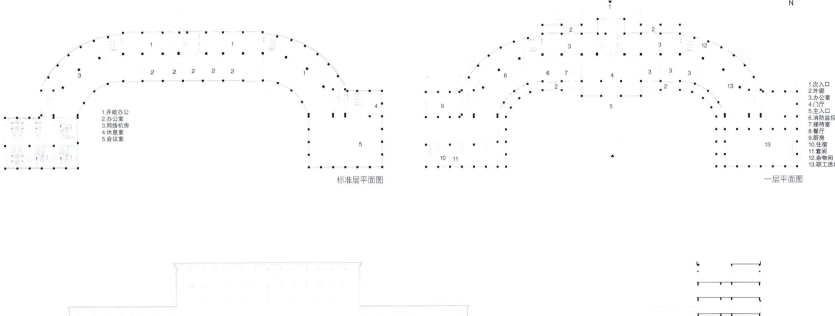

标准层平面图

1.开敞办公
2.办公室
3.网络机房
4.休息室
5.会议室

一层平面图

1.次入口
2.外厨
3.办公室
4.门厅
5.主入口
6.消防监控
7.接待室
8.餐厅
9.厨房
10.住宿
11.套间
12.杂物间
13.职工活动空间

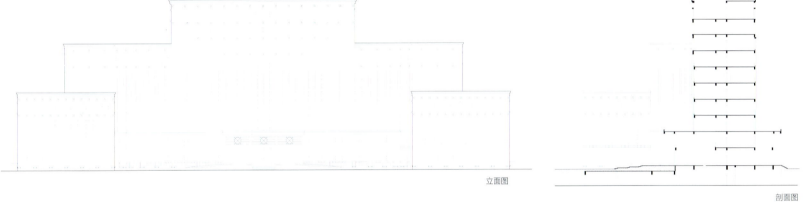

立面图

剖面图

立面效果图

郑东新区
城市设计与建筑设计篇

河南鑫地科技广场
Henan Xindi Science and Technology Plaza

建设单位：河南有色金属地矿科研中心
地　　址：黄河东路东、金水东路北
设计单位：郑州大学综合设计研究院
施工单位：广东三穗建筑工程有限公司
用地面积：72642.7m²
建筑面积：地上 27466.90m²，地下 3154.7m²
建设规模：地上 18 层，地下 1 层
主要用途：办公
设计时间：2005 年 7 月
竣工时间：2007 年 6 月

　　本案采用内凹式的弧形平面，外部空间丰富，既能照顾到城市道路不同来向的景观视觉要求，又使标准层主要房间具有较好的南北朝向。平面功能上四至十二层为小开间办公区，十三至十六层为大空间办公区，十七和十八层为领导办公区；一至三层为裙房，采用大跨度柱网，空间开敞，灵活多变。从底层至四层依次分别安排：入口大堂、总服务台、超市、银行、商务、办公、咖啡茶座、多功能会议厅、职工餐厅、厨房、包房雅间等多种功能空间，满足对外接待及内部办公的需求。

　　科研大楼位于郑东新区主要道路交叉点上，其面貌应具有现代气息和生机，既要有和谐优美的旋律，又要反映强烈的时代动感与节奏，与周围环境产生对话，和谐互动。合理的总体布局和体量关系为优美的造型奠定了基础，该建筑体量是一组不对称的布局，主楼高低错落有致，弧形的主楼具有挺拔向上之势，裙房向西弧形咬合展开，增加了横向气势。建筑外观采用浅灰色铝合金板和蓝色玻璃分割，面向金水路的主立面通过外墙面弧形变化，形成自下而上的气势，给人以雄伟挺拔、气势不凡的视觉冲击力。

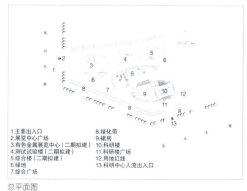

1. 主要出入口
2. 展览中心广场
3. 有色金属展览中心（二期拟建）
4. 测试试验楼（二期拟建）
5. 综合楼（二期拟建）
6. 用地
7. 综合广场
8. 绿化带
9. 裙楼
10. 科研楼
11. 科研楼
12. 用地红线
13. 科研中心人流出入口

总平面图

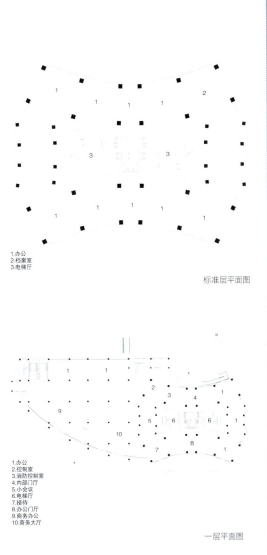

1.办公
2.档案室
3.电梯厅

标准层平面图

1.办公
2.控制室
3.消防控制室
4.内部门厅
5.小会议
6.电梯厅
7.接待
8.办公门厅
9.商务办公
10.商务大厅

一层平面图

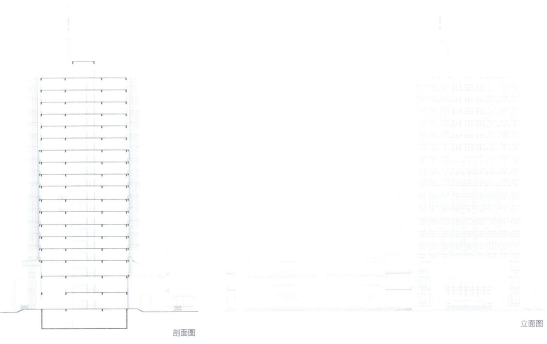

剖面图　　　　　　　　　　　　　　　　　　　　　立面图

郑州市市政工程勘测设计研究院办公新区科研综合楼
Scientific-research Complex Building of Zhengzhou Municipal Engineering Design & Survey Instiute

建设单位：郑州市市政工程勘测设计研究院
地　　址：熊耳河路南、民生路东、正光路北
设计单位：河南省建筑设计研究院
施工单位：河南省第一建筑安装有限公司
用地面积：178200.3m²
建筑面积：290638m²
建筑规模：地上9层，地下1层
主要用途：办公
设计时间：2005年9月

项目基地三面临路，在民生路设置主要出入口，在杨子六路设置次要出入口，在杨子路设置辅助出入口。主楼建筑平面呈扇形坐落于场地北部，面临熊耳河路，主要立面朝正南向，北面朝向熊耳河。辅楼亦为扇形座落于场地南部，面向正光北街，主要立面朝东南向。

主、辅楼和连接体向西围合成主广场与主要出入口对应；辅楼向南和次要出入口之间形成小广场。两个广场由院内道路互相连通，承担地面人流、车流的组织，是建筑与城市道路之间的主要过渡空间。建筑室外空间除广场外，布置了大片的绿地，并种植几组小片树林，不仅丰富了室外景观的视觉层次，还给办公区提供了小范围的休憩场所。

建筑造型强调建筑群的整体性，整座建筑虚实相映，点、线、面结合，一气呵成。设计根据节能原则和切实的以人为本思想，以统一中有变化的协调手法处理建筑的不同立面。3个空中花园在立面上的突出表现，强调了建筑临水面良好的视野环境特色，建成之后自身也将成为优美环境的构成要素。整座建筑的形象通过合理的逻辑性组合、形体的变化和空间的穿透以及不同材质的运用来表达大楼鲜明的个性特征。

材料上，实体部分以涂料为主，以浅灰、深灰和局部蓝灰色分出层次，墙裙部分局部采用灰色烧毛花岗石，局部幕墙采用新型低辐射玻璃，以达到节能效果。

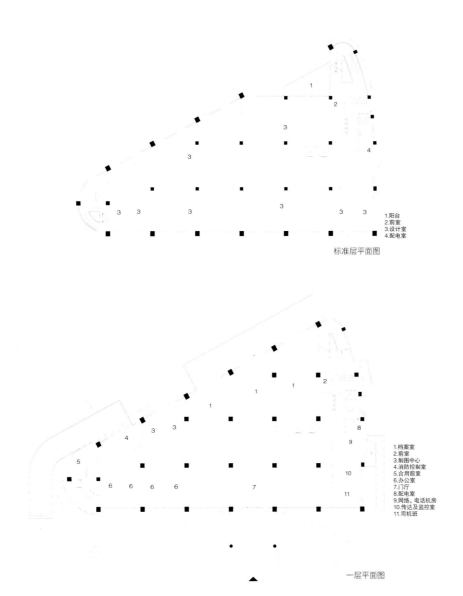

标准层平面图

1.阳台
2.前室
3.设计室
4.配电室

一层平面图

1.档案室
2.前室
3.制图中心
4.消防控制室
5.合用前室
6.办公室
7.门厅
8.配电室
9.网络、电话机房
10.传达及监控室
11.司机班

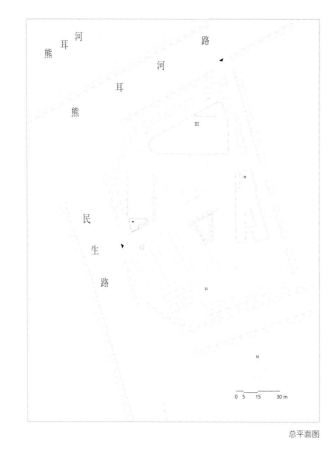

总平面图

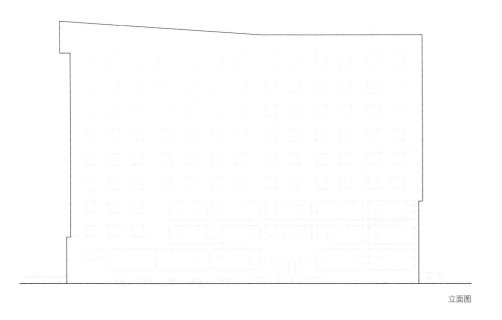

立面图

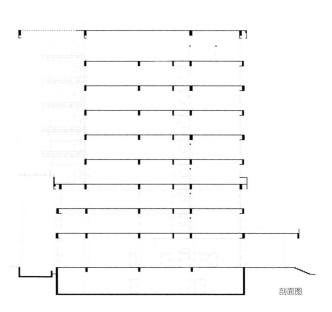

剖面图

河南省交通厅高速公路联网中心综合楼
Complex Building of Expressway Network Center of Henan Transportation Department

建设单位：河南高速发展有限责任公司
地　　址：金水东路北、农业东路东
设计单位：机械工业第六设计研究院
施工单位：中建七局四公司
用地面积：96840.80m²
建筑面积：地上173503m²，地下25851m²
建设规模：地上20层，地下2层
主要用途：办公
设计时间：2006年2月

本案采用U形的总体布局方式，中间为主楼，两翼群楼向后延伸，并通过一个大柱廊将其连为一体，其中东翼裙房为联网中心，西翼靠近道路方便对外联系。基地北面为二期规划中的建筑群，建筑的形式和功能都与一期形成呼应，确保总体上和谐统一。利用一期U形布局在中间设置会议中心，在北侧布置一幢比一期相对较矮一些的板式楼；一期和二期之间形成一个小广场过渡。

建筑总体呈U形布局，主楼直接落地，并设置造型简洁的大台阶和3层高柱廊，其高度和气势不但避免了金水东路立交桥对基地的压迫，并为巨大的南广场提供了一个完美的围合。进入主楼的入口大厅两侧分别为贵宾接待和展览室等反映业主形象的重要空间。西侧裙房一层主要布置对外的综合业务办事大厅，靠近太行路设有出入口，上面布置了多功能厅和大会议厅。东侧裙房布置了联网中心，从建筑结构到出入口均可独立建造使用，从而确保联网中心的提前使用和运行。从外面看，两幢以垂直线条为主的塔楼具有气贯长虹的气势，使一个原本难以处理的方形立面显得挺拔而不瘦弱、宽阔而不臃肿。

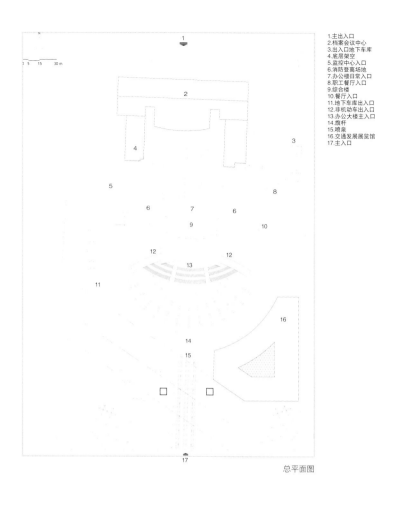

1. 主出入口
2. 档案会议中心
3. 出入口地下车库
4. 底层架空
5. 监控中心入口
6. 消防登高场地
7. 办公楼日常入口
8. 职工餐厅入口
9. 综合楼
10. 餐厅入口
11. 地下车库出入口
12. 非机动车出入口
13. 办公大楼主入口
14. 旗杆
15. 喷泉
16. 交通发展展览馆
17. 主入口

总平面图

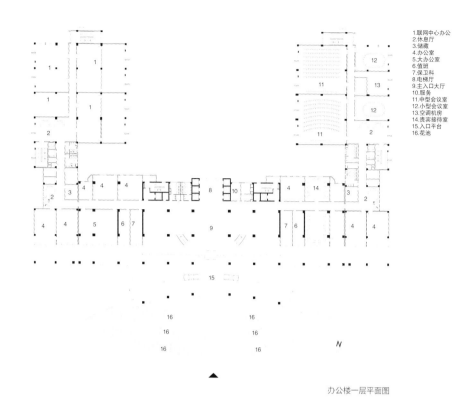

1. 联网中心办公
2. 休息厅
3. 储藏
4. 办公室
5. 大办公室
6. 值班
7. 保卫科
8. 电梯厅
9. 主入口大厅
10. 服务
11. 中型会议室
12. 小型会议室
13. 空调机房
14. 贵宾接待室
15. 入口平台
16. 花池

办公楼一层平面图

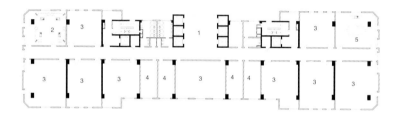

1. 电梯厅
2. 接待室
3. 大办公室
4. 办公室
5. 会议室

综合楼标准层平面图

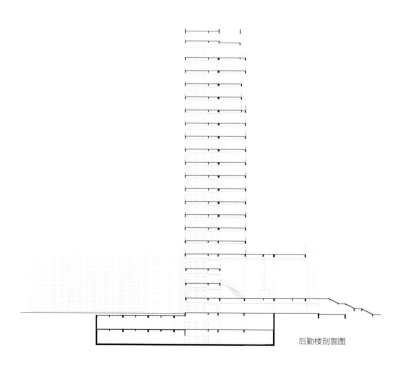

后勤楼剖面图

后勤楼立面图

河南省地质博物馆综合楼
Complex Building of Henan Geological Museum

建设单位：河南省国土资源厅
地　　址：金水东路北、民生路东
设计单位：同济大学建筑设计研究院
施工单位：中建八局二公司
用地面积：26800m²
建筑面积：地上 28265m²，地下 3228m²
建设规模：地上 3 层，地下 1 层
主要用途：行政办公
设计时间：2003 年 9 月
竣工时间：2006 年 5 月

设计将基地沿金水东路与民生东路的西南角辟让出来，不设建筑，辟作区内景观园林绿化，所有建筑布置在基地北边及东边，这样不仅对城市交通、景观有利，而且对小区内部各建筑之间的关系及主楼与绿化园林的关系都很有利。

主楼在基地西北角，正对绿地，从小区的两个出入口都很方便到达，主楼形象在绿地前景衬托下醒目突出。地质博物馆由于要对外参观，故设于基地最靠金水东路的东南端，从金水东路的主入口进入就可到达。后勤楼位于基地东北角，在博物馆后面，相对较为隐蔽，是为内部办公人员服务的配套用房。主楼与后勤服务中心以架空连廊连接，功能上相互分离，使用上联系方便。主楼正对金水东路主入口设有两层高玻璃门厅，是主楼的一个气派不凡的入口大堂，也是主楼与后勤服务中心的一个衔接与过渡。博物馆相对独立，与后勤服务中心用连廊连接，以方便工作人员使用。

本方案的建筑形象力图体现 21 世纪新型办公及博物馆综合体建筑形象，整体造型结合紧密、浑然一体，三部分均统一在一个大的 L 形体量内，主楼是不规则的折线平面，用双层中空玻璃幕墙包覆，宛如一个玻璃晶体，对地质的主体有恰当的表达与隐喻。主楼门厅裙房与后勤服务楼连成一体，以一个大的金属弧顶作为覆盖，上面有不规则的天窗，星星点点，透入天光。而地质博物馆又以另一个螺旋升起的锥形金属顶盖覆盖的体量插入中庭与后勤楼之间的长长墙面。整体建筑造型极为现代，具有独特的现代美感。

1.办公楼
2.后勤楼
3.广场
4.下沉广场室外展场
5.博物馆
6.停车场

总平面图

办公楼标准层平面图

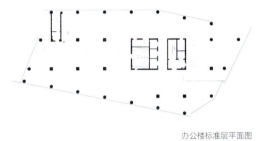

办公楼一层平面图

办公楼立面图

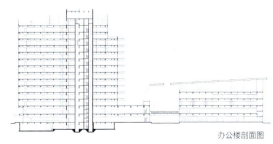

办公楼剖面图

127

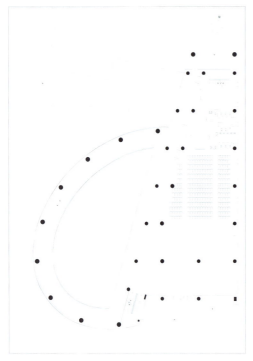

博物馆立面图

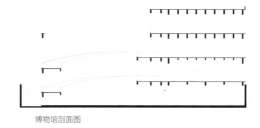

博物馆剖面图

河南省郑州市中级人民法院
Intermediate People's Court of Zhengzhou City, Henan Province

建设单位：郑州市中级人民法院
地　　址：民生路与金水东路交叉口西北角
设计单位：华东建筑设计研究院有限公司
　　　　　机械工业第六设计研究院
施工单位：中国建筑第二工程局
　　　　　河南省第五建筑安装工程公司
　　　　　广州市第二建筑工程公司
用地面积：67045m²
建筑面积：地上461925m²，地下20325m²
建设规模：办公楼地上15层，地下1层
　　　　　大审判庭地上4层，小审判庭地上5层
主要用途：行政办公
设计时间：2003年10月
竣工时间：2006年10月

本案中15层高的办公楼位于场地中央，坐北朝南，两侧分别是大法庭、中小法庭，整个场地的建筑沿中轴线对称布置，对外呈现出一种完整、庄重的感觉，同时对称的形象也成了对人民法院"公正、公开、公平"原则的隐喻。

办公楼的入口在内广场北部，减少外部人流的干涉，广场布置水面绿化，加强序列感，营造出有气势的强烈秩序感的空间气氛，增加肃穆的氛围，体现法院的严肃性及崇高的不可侵犯的威严感。大审判庭与中小审判庭的入口沿金水东路布置，离街道距离较近，方便大量人流的出入。

主楼入口处采用了柱廊，内部玻璃退进去形成灰空间，大尺度的突出强调了入口的形式，并引导人流进入，可以产生震撼感。设计中对通常的垂直立面线型进行了新的解构，形成了一种山势，"何谓法也，不动如山"，设计中也希望以此来作为执法如山的诠释，显示一种法的不凡气度，同时使主楼与市民广场之间形成一种张力互补的态势。审判楼立面为凝重的风格，做大面积实墙处理，实墙表面为有质感的凹凸，在山势磅礴庄严的体量上，显现出一种具有亲和力的艺术魅力。

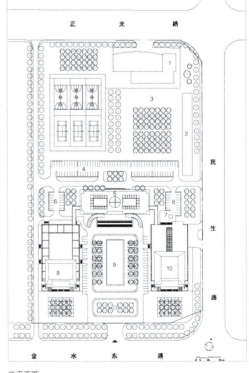

总平面图

河南省郑州市中级人民法院外景

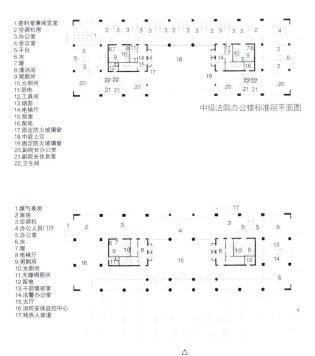

1.资料室兼阅览室
2.空调机房
3.办公室
4.会议室
5.平台
6.水
7.暖
8.清洁间
9.男厕所
10.女厕所
11.弱电
12.工具间
13.烟窗
14.电梯厅
15.前室
16.配电
17.固定防火玻璃窗
18.中庭上空
19.固定防火玻璃窗
20.副院长办公室
21.副院长休息室
22.卫生间

中级法院办公楼标准层平面图

1.煤气表房
2.库房
3.空调机
4.办公人员门厅
5.办公室
6.水
7.暖
8.电梯厅
9.男厕所
10.女厕所
11.无障碍厕所
12.配电
13.干部信访室
14.法警办公室
15.大厅
16.消防安保监控中心
17.残疾人坡道

中级法院办公楼一层平面图

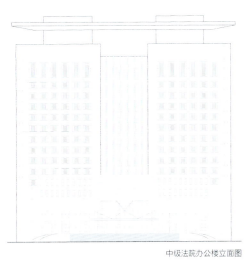

中级法院办公楼立面图

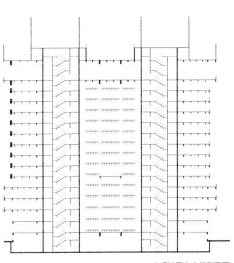

中级法院办公楼剖面图

中级法院审判楼外景

中级法院审判楼侧立面图

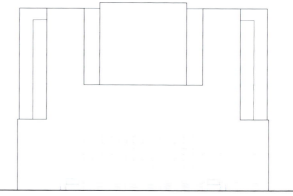

中级法院审判楼正立面图

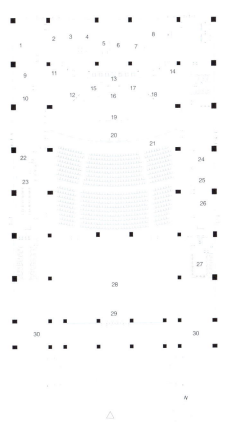

1.储藏间
2.消防控制室
3.法官更衣室
4.公诉人更衣室
5.总配电间
6.强电间
7.弱电间
8.会议室
9.记者室
10.鉴定人室
11.灯光控制室
12.辩护室
13.审判室席
14.音响控制室
15.鉴定席
16.书记席
17.证人席
18.公诉席
19.被告席
20.法警席
21.残疾人席
22.法警室
23.羁押室
24.医务室
25.律师室
26.证人席
27.男卫
28.台阶挡墙
29.大厅
30.休息区

中级法院审判楼一层平面图

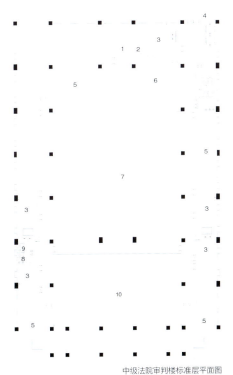

1.强电间
2.弱电间
3.空调机房
4.连廊接办公楼
5.档案库
6.恒温恒湿机组房
7.大法庭上空
8.男卫
9.女卫
10.大厅上空

中级法院审判楼标准层平面图

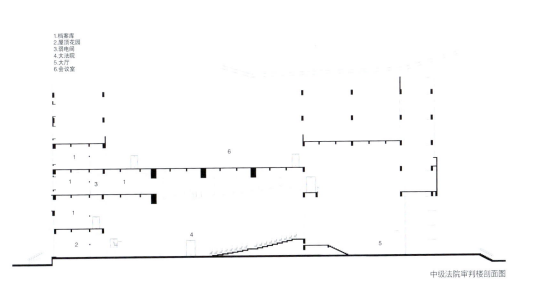

1.档案库
2.屋顶花园
3.弱电间
4.大法院
5.大厅
6.会议室

中级法院审判楼剖面图

立面夜景效果图

煤炭工业郑州设计研究院办公楼
Office Building of Zhengzhou Coal Industry Design & Research Institute

建设单位：煤炭工业郑州设计研究院有限公司
地　　址：正光北街南、德厚街东
设计单位：煤炭工业郑州设计研究院有限公司
施工单位：林州市建筑工程九公司
用地面积：8666.7m²
建筑面积：地上13062.22m²，地下3894m²
建设规模：地上12层，地下1层
主要用途：办公
设计时间：2006年9月
竣工时间：2008年4月

本案设计理念从城市设计出发，创造平淡含蓄、简洁素雅的办公建筑形象，着重对建筑内涵、细部、材质、潜力的挖掘，实现建筑功能、造型、环境与人性化的和谐统一。矩形与矩形错接的平面处理手法，使建筑充满活力和动感，并蕴含着丰富的现代哲理。该建筑地上主体为办公楼，地下为停车场，平面组合自由灵活，功能分区明确。

根据城市设计对现代风格基调的要求，建筑立面在矩形基础上做"加""减"变化，整体突出建筑挺拔向上的立意。竖向主体及头部处理的协调统一，使建筑既简洁明快又丰富多彩，且有利于企业文化内涵与建筑语言有机结合。材料上，底部运用石材表现庄重的气氛，主体采用玻璃和金属窗框线条的对比，突出现代建筑的气质。

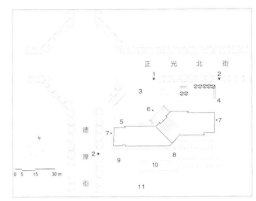

总平面图

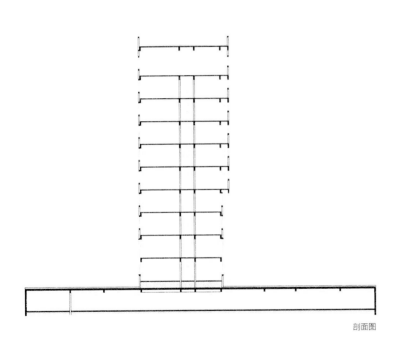

剖面图

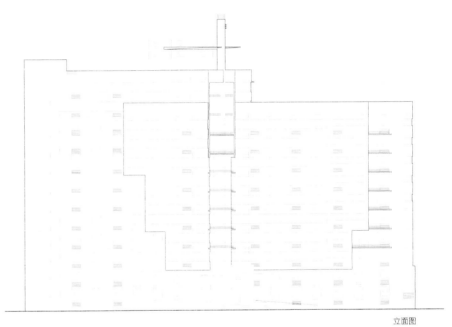

立面图

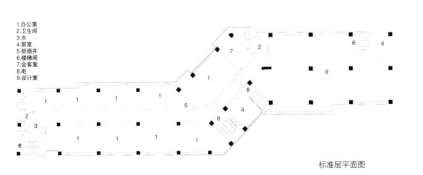

标准层平面图

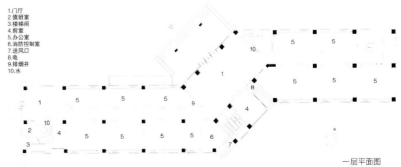

一层平面图

郑州国家干线公路物流港综合服务楼
Complex Service Building of Zhengzhou National Arterial Highway Logistics Hub

建设单位：郑州市郑东新区管理服务中心
地　　址：东四环西、商都路北
设计单位：煤炭工业郑州设计研究院有限公司
施工单位：河南省第一建筑工程有限责任公司
用地面积：24306m²
建筑面积：地上 70013m²，地下 13929m²
建设规模：地上 28 层，地下 1 层
主要用途：办公
设计时间：2007 年 7 月

郑州公路物流港位于郑东新区郑汴快速通道与京珠高速公路交汇处，是郑州市高速公路网络核心。物流港综合服务区位于基地的东南端，处于从京港澳高速公路进入本区域的龙头位置。

主体两塔楼一高一低，并且成一定角度咬合，宛如一扇被打开的门，"城市之门"的概念恰到好处地表达了郑州公路物流港正以崭新的姿态迎接着八方来客，这扇"城市之门"不仅预示着郑州物流港正阔步迈向世界前列，也隐喻着郑州市的经济发展随着这扇门的开启而开始腾飞。两个"L"形的形体相互穿插，让人联想起："L"是物流"logistics"的第一个字母，"联结"是携手共创辉煌的用意。富有雕塑感的造型给人视觉上产生强有力的冲击。

作为现代办公物质载体的办公楼，应在设计中实现路径的便捷，空间的通畅，使得各种办公能快速有效的展开。设计充分考虑到物流港在这方面突出的需要，在空间展开上尽量避免繁冗的划分，实现各部分功能的相互联通而又各自独立，使得信息快速准确的交流成为可能，努力创造以人为本、高效率、人性化的办公空间。平面设计高效、简洁的同时，在垂直方向设计了"空中共享"的中庭，无论是办公人员还是外来人员都能体验到环境带来的勃勃生机，在忙碌中享受片刻的宁静与休憩。

材料上，暖色调的花岗石挂板的相互交织，在阳光照射下的明暗交替，犹如条条快速跳动的信号，又像闪动的光条引人注目。银灰色金属与玻璃的交叉使用，形成横向的明暗交替。横向与竖向的对比，深色与浅色的交织，产生了强有力的造型。

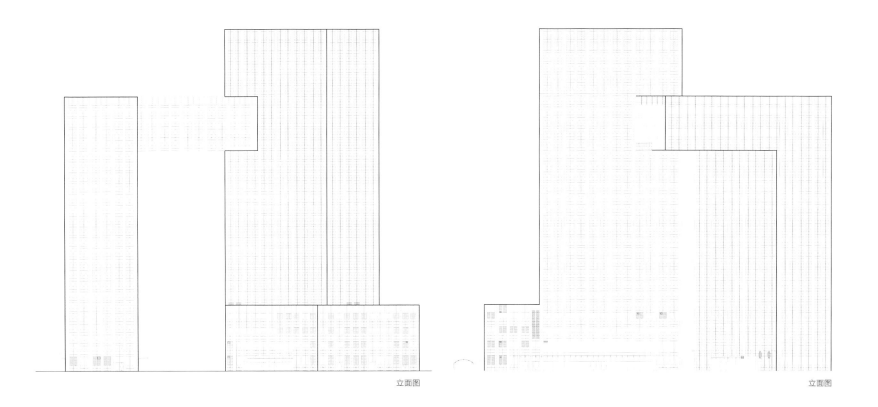

立面图　　立面图

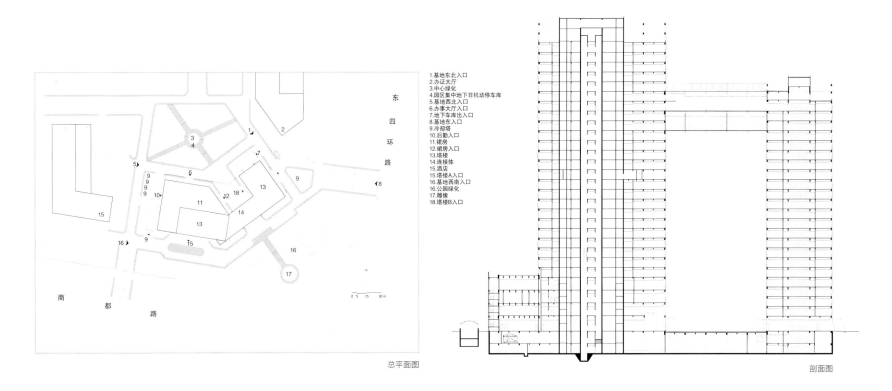

1.基地东北入口
2.办证大厅
3.中心绿化
4.园区集中地下非机动停车库
5.基地西北入口
6.办事大厅入口
7.地下车库出入口
8.基地东入口
9.冷却塔
10.后勤入口
11.裙房
12.裙房入口
13.塔楼
14.连接体
15.酒店
15.塔楼A入口
16.基地西南入口
16.公园绿化
17.雕像
18.塔楼B入口

总平面图　　剖面图

郑东新区管理服务中心
Management Service Centre of Zhengdong New District

建设单位：郑州市郑东新区管理服务中心
地　　址：农业东路西、金水东路北
设计单位：华南理工大学建筑设计研究院
施工单位：中国建筑第八工程局
用地面积：103028.4m²
建筑面积：地上99890m²，地下48780m²
建设规模：地上12层，地下2层
主要用途：行政办公
设计时间：2006年9月

该项目分为5个部分，分别为郑东新区区政府办公楼、区党委办公楼、区政协和人大办公楼，可提供出租的写字楼和展览、学术交流中心，其中前4部分建筑为高约57m的高层建筑，它们围合成一个多层次绿化体系的生态庭院。4个建筑通过相同的立面元素和顶层共享资源用房达成形象上的统一。1层高的展览及学术交流中心则设于生态庭院的南部。

项目总体布局遵循了生态建筑和以人为本的设计原则，基地东南约18000m²的用地设城市广场公园，以体现政府亲民形象，城市广场公园为完全对外开放的休闲公园，它和主体建筑之间通过水体和建筑高差进行有效的隔断，以保证郑东新区管理服务中心正常的办公秩序，但在视线上相互流通，市民可在城市公园感受到办公楼的建筑造型，办公人员也可透过窗口欣赏城市公园美景。

设计中对中国传统建筑作了多次隐寓，以传承中国的优秀文化。主体建筑造型组合取材于我国古代建筑中"台"的概念。通过"平台"的设置使主体建筑形成一种严肃、庄严的崇高姿态。由于"平台"的存在，抬高了建筑的主入口，将有效缓解金水路立交桥产生的空间压抑感。同时由于平台和城市公园的高差，使办公人流、车流和城市公园的游览人流达成有效的隔离。水景设计源于护城河的概念，旨在防止各种人行流线混杂，同时也形成一个充满灵气的园林景观。建筑在给排水、供配电、燃气、空调、信息通讯、办公自动化等方面也进行了统一设计，以使建筑达到"5A"级智能化水平。

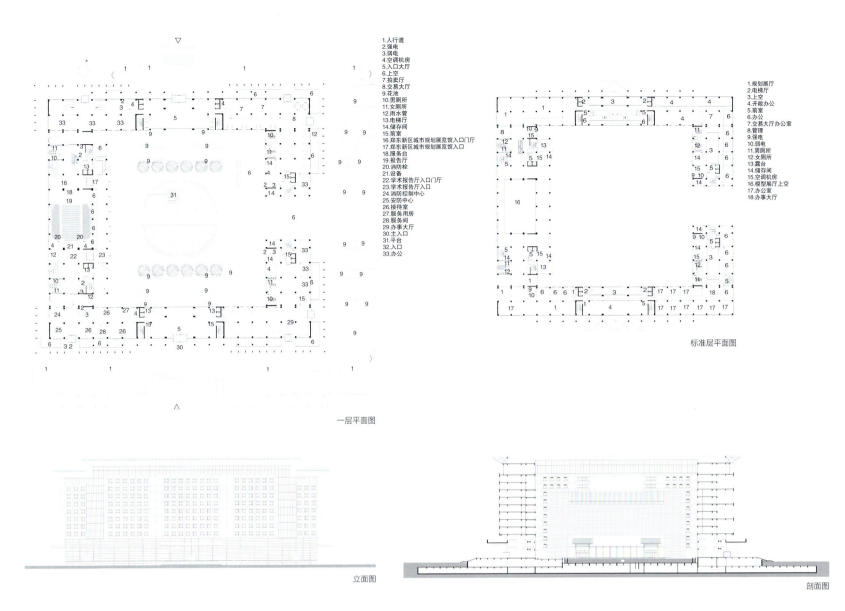

一层平面图

1. 人行道
2. 强电
3. 弱电
4. 空调机房
5. 入口大厅
6. 上空
7. 拍卖厅
8. 交易大厅
9. 花池
10. 男厕所
11. 女厕所
12. 雨水管
13. 电梯厅
14. 前室
15. 储存间
16. 郑东新区城市规划展览馆入口门厅
17. 郑东新区城市规划展览馆入口
18. 服务台
19. 报告厅
20. 消防栓
21. 设备
22. 学术报告厅入口门厅
23. 学术报告厅入口
24. 消防控制中心
25. 安防中心
26. 接待室
27. 服务用房
28. 服务间
29. 办事大厅
30. 主入口
31. 平台
32. 入口
33. 办公

标准层平面图

1. 规划展厅
2. 电梯厅
3. 上空
4. 开敞办公
5. 前室
6. 办公
7. 交易大厅办公室
8. 管理
9. 强电
10. 弱电
11. 男厕所
12. 女厕所
13. 露台
14. 储存间
15. 空调机房
16. 模型展厅上空
17. 办公室
18. 办事大厅

立面图

剖面图

1. 绿化广场
2. 礼仪入口广场

总平面图

河南省疾病预防控制中心
Henan Disease Prevention and Control Center

建设单位：河南省疾病预防控制中心
地　　址：七里河南路以南、农业东路以东
设计单位：中南建筑设计院
施工单位：中建二局二公司
用地面积：42700m²
建筑面积：地上31055m²，地下3135m²
建设规模：地上8层，地下1层
主要用途：科研
设计时间：2003年3月
竣工时间：2005年10月

建筑根据使用功能要求分为4栋，南北向依次布置。南面2栋为实验楼，由连廊将其连为整体。北面2栋为行政、业务办公，也可连为整体使用。两幢建筑之间设门厅及多功能厅。建筑区简洁、合理、实用。

建筑的主入口设于农业东路，七里河南路设有次入口。主入口附近设有宽广的大广场，广场内宽大的门楼使建筑很有气势，并成为建筑的主要景观。广场两边设有停车位及喷水池，南边的实验楼设有独立的入口，该入口有效的围合广场，各栋建筑都能独立使用，建筑四周设有环通的车道，并布置了精美的绿化及运动场。办公楼采用规整的柱网，北面的办公楼行政办公靠主入口，便于对实验楼及业务楼的管理，门厅附近的多功能厅也便于办公楼的使用，朝北设有单独的出入口，可独立对外使用。实验楼设于南面，西栋楼分别设生物实验室及理化实验室，生物实验放于南面，设于主导风向的下方。两栋楼由连廊连为整体，可分可合。两栋楼柱网规整，很方便布置各类实验室，南面的实验楼设有独立的出入口。

建筑采用完整的组合布局方式，形成非常气派的广场立面，巨大的门楼成为建筑的主要景观，其优美的造型、通透的景观，非常气派。南面的实验楼入口与建筑结合巧妙，既围合了广场空间，也使对称的建筑变得活泼。建筑连廊采用大块体柱廊，很有气势。整组建筑大气、简洁，空间丰富，照顾了城市的主要景观，并与地形结合的较自然。

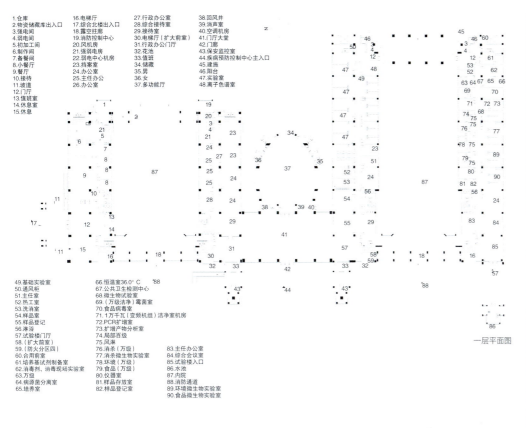

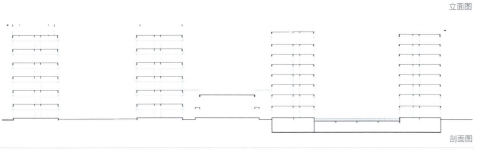
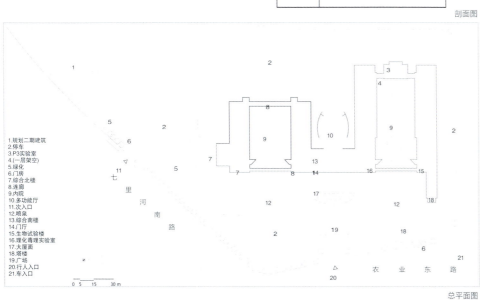

河南出版集团
Henan Publishing Group

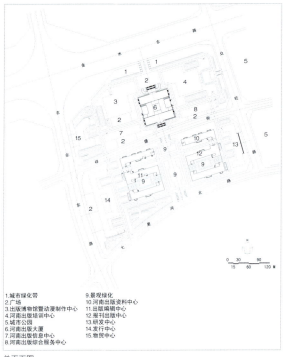

总平面图

1. 城市绿化带
2. 广场
3. 出版博物馆暨动漫制作中心
4. 河南出版培训中心
5. 城市公园
6. 河南出版大厦
7. 河南出版信息中心
8. 河南出版综合服务中心
9. 景观绿化
10. 河南出版资料中心
11. 出版编辑中心
12. 报刊出版中心
13. 发行中心
14. 研发中心
15. 物贸中心

建设单位：	河南出版集团
地　　址：	金水东路南、农业东路东
设计单位：	意大利纳塔利倪建筑设计所 郑州大学综合设计研究院
设计人员：	项目负责人　彭飞、周芸
	建筑　聂云霞
	结构　吴胜
	水　　吴相知
	暖　　侯卫东
	电　　王春晖
施工单位：	河南省第一建筑公司
用地面积：	249062.1m²
建筑面积：	409600m²
建设规模：	地上14层，地下2层
主要用途：	办公
设计时间：	2006年1月

该项目基地位于河南出版园区的中央靠北侧，地理位置优越。其包括办公大厦、报刊出版中心、编辑中心、信息中心等各项功能办公建筑，旨在建设成一个性鲜明、新颖求实、功能齐全的信息智能、立体现代的出版产业基地。

基地核心建筑为出版大厦，建筑呈工字形布局，东西长约84.8m，南北长约80m，地上14层，地下2层，总建筑面积71600m²。一层为门厅与营业厅，二、三层为展厅及办公大厅，主楼四至十三层为办公，十四层为领导办公层，地下一、二层为车库和设备用房。出版编辑中心和报刊出版中心两个建筑造型独特，从空中俯瞰为对称的"6"字形，具备发行、编辑、出版等多项功能。

整个基地建筑以铁锈红色为主基调，突出时代特色及行业特点，体现"中国传统文化与思想，以及现代智能大厦"的建筑特点。建筑物不做过多的琐碎装饰处理，采用高档石材及纯净的玻璃，使建筑既干净又有序、端庄。通过窗户与墙面的处理，赋予该建筑现代挺拔的感觉，体现时代特色。

河南出版大厦北立面图

河南出版大厦南立面图

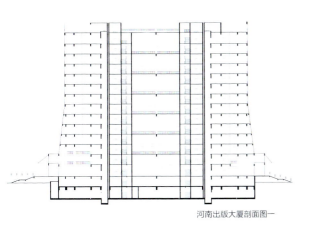
河南出版大厦剖面图一

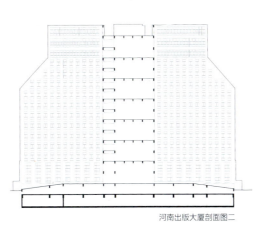
河南出版大厦剖面图二

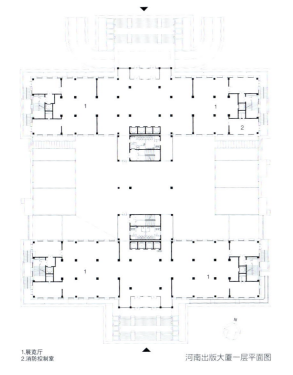

1.展览厅
2.消防控制室

河南出版大厦一层平面图

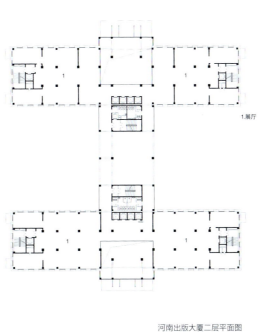

1.展厅

河南出版大厦二层平面图

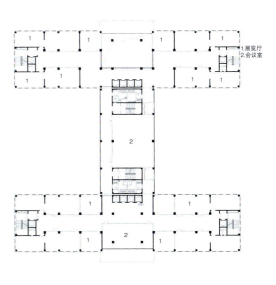

1.展览厅
2.会议室

河南出版大厦标准层平面图

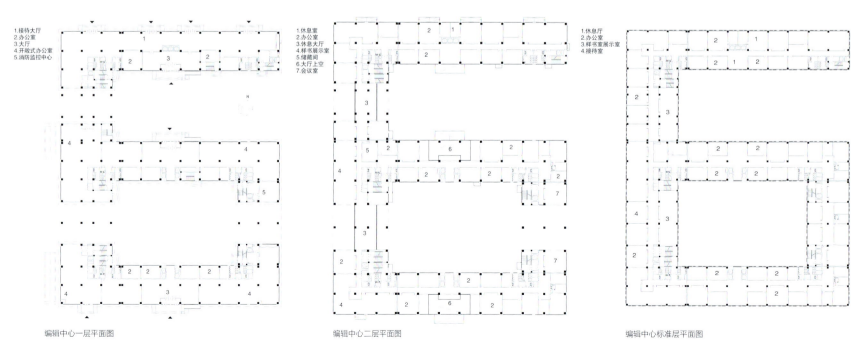

编辑中心一层平面图　　　　　　　　编辑中心二层平面图　　　　　　　　编辑中心标准层平面图

编辑中心北立面图

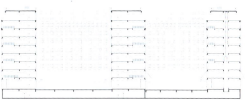

编辑中心东立面图

编辑中心南立面图

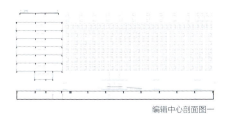

编辑中心剖面图一

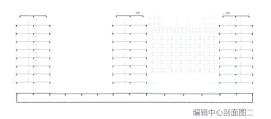

编辑中心剖面图二

中南时代龙广场
South-China Times Square

1. 消防登高场地
2. 住宅出入口
3. 地下自行车库出入口
4. 地下车库出口
5. 商业出入口
6. SOHO住宅24F
7. SHHO住宅28F
8. 商务
9. 货物出入口
10. SOHO住宅21F
11. 地下室变电站
12. 商业主出入口
13. 地下车库入口
14. 绿化带
15. 商业人行出入口
16. 5F
17. 4F
18. 停车位
19. 地下车库出入口

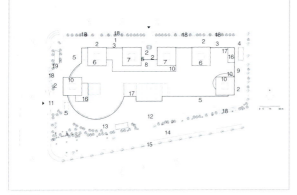

总平面图

建设单位：郑州中南置业有限公司
地　址：商都路以北、通泰路以东
设计单位：核工业第五研究设计院
施工单位：河南红旗渠建设集团有限公司
　　　　　河南合立建筑工程有限公司
　　　　　郑州建筑工程有限公司
用地面积：39494.6m²
建筑面积：187005m²
主要用途：办公
设计时间：2006年1月

本案位于郑东新区规划中的物流园内，其独特的地理位置和环境决定了它将扮演一个中小型公司的集中商务区的重要角色。6栋错落不一的高层楼房形成了弧形的天际线，显得雍容华贵。项目裙房沿商都路部分是大型商业，体现了物流区的特色，屋顶平台则集中了咖啡、餐饮、健身、SPA等商务及休闲功能，因此，无论是在裙房的商业区里逛街，还是在高层办公都能享受到裙房、顶层独特的商务休闲魅力，屋顶绿化和用餐功能也将吸引人流在此逗留，满足了不同人群对生活场所的不同需求。

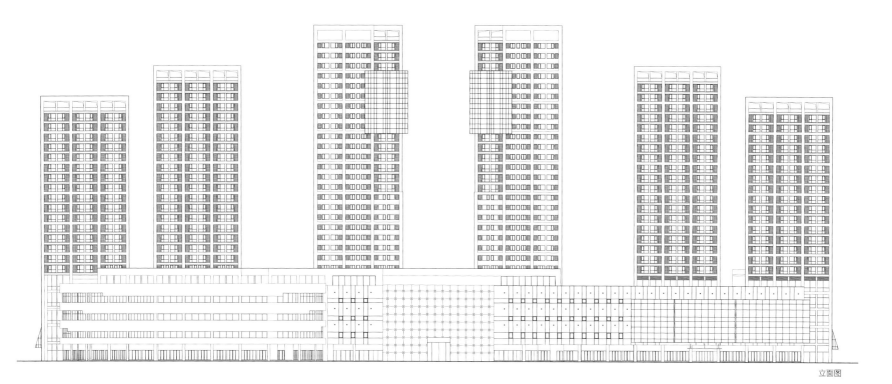

立面图

1. 商铺
2. 办公门厅
3. 前室
4. 合用前室
5. 2号楼梯
6. 3号楼梯

标准层平面

剖面图

2 医疗卫生建筑
Medical and Hygienic Buildings

郑州颐和医院门急诊医技楼
Outpatient & Emergency Buildings of Zhengzhou Yihe Hospital

郑州友谊医院医疗综合楼
Medical Complex Building of Zhengzhou Friendship Hospital

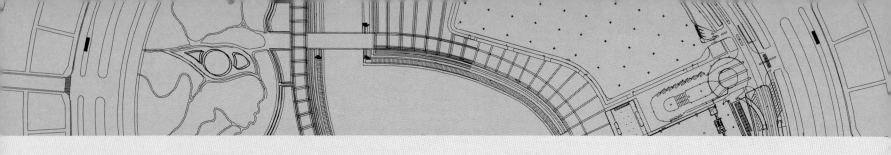

郑州颐和医院门急诊医技楼
Outpatient & Emergency Buildings of Zhengzhou Yihe Hospital

建设单位：郑州市郑东新区热电有限公司
　　　　　郑州市热力总公司
地　　址：九如东路东、龙湖外环东路南、熊耳河西
设计单位：美国CMC建筑与规划事务所
　　　　　上海励翔建筑设计事务所
　　　　　泛华工程有限公司
施工单位：河南省第一建筑工程有限责任公司
　　　　　河南省第二建筑工程有限责任公司
　　　　　河南省第五建筑安装工程有限公司
　　　　　林州市建筑工程九公司
用地面积：239912.52m²
建筑面积：地上178537.19m²，地下42359.76m²
建设规模：地上4层，地下1层
主要用途：医疗卫生
设计时间：2006年12月

该医院规划有1500床位，日门诊量为10000人次，是以心血管、神经、肿瘤为重点学科的集医疗、科研于一体的三级特等综合性现代化医院。基地位于郑东新区龙湖南区，整个地块地势平坦，四面临路，出入方便。周围留有生态绿地，自然环境优越，有利于为病患者创造一个优美、温馨的诊疗环境，为医护人员创造一个舒适、高效的工作环境。

本方案贯彻"以人为本"的设计思想，既要为病人创造一个舒适、温馨的住院环境；又要为医护人员提供一个优质、高效的工作条件，以提高医疗效率，吸引优秀医护人才，使之进入发展的良性循环。

功能布局为求内部合理，以反复推敲的工作态度，介绍国际先进经验的同时向医院院方请教、沟通，深入调查，结合实际，以达最佳效果。为便于缩短病人诊疗路程，提高医疗内部操作效率，各部门均集中设置，同时亦考虑各部门用房有足够的自然采光通风条件。

建筑群体造型简洁、大方，具韵律感，与整个郑东新区的总体规划、建筑格局浑然一体，并具有现代感。

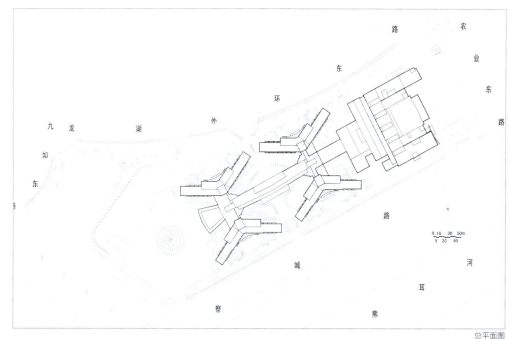

总平面图

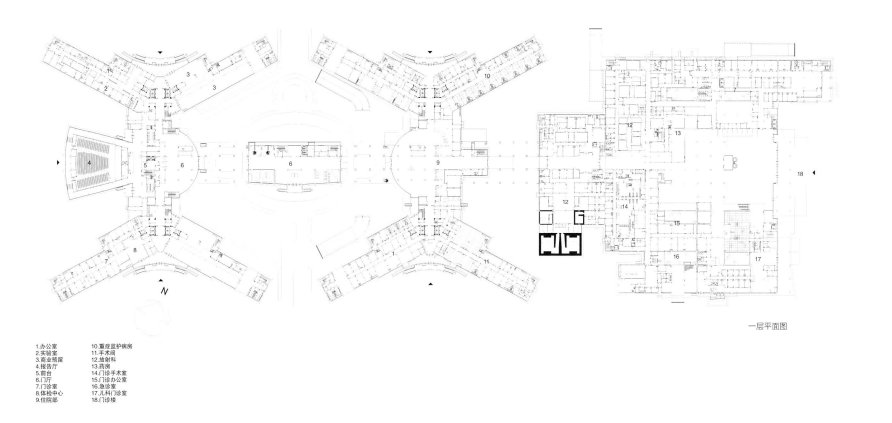

1.办公室　　10.重症监护病房
2.实验室　　11.手术间
3.商业预留　12.放射科
4.报告厅　　13.药房
5.前台　　　14.门诊手术室
6.门厅　　　15.门诊办公室
7.门诊室　　16.急诊室
8.体检中心　17.儿科门诊室
9.住院部　　18.门诊楼

一层平面图

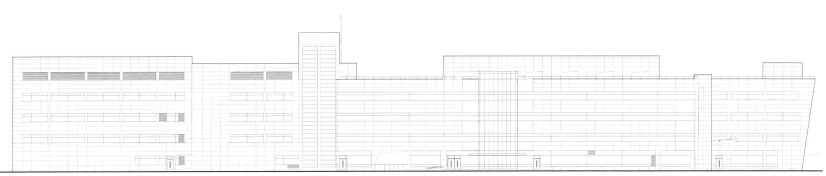

立面图

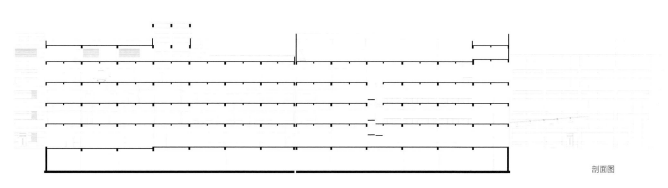

剖面图

郑州友谊医院医疗综合楼
Medical Complex Building of Zhengzhou Friendship Hospital

建设单位：郑州友谊置业有限公司
地　　址：龙湖外环西路东、农业东路南、金水河西
设计单位：机械工业第六设计研究院
用地面积：57473m²
建筑面积：地上19514.5m²，地下3622m²
建设规模：地上6层，地下1层
主要用途：医疗卫生
设计时间：2007年10月

该项目是河南友谊医院投资管理有限公司为进一步拓展公司发展领域，同时也为满足郑东新区居民对医疗服务的需求而投资兴建的，以治疗肿瘤为重点的综合性医院。

该设计根据场地地形、周边道路、环境状况综合考虑，将医疗综合楼和规划康复中心均布置在用地北侧，两者北退道路红线30m，形成入口广场，其他规划建筑布置在用地南侧，同时为节约用地并考虑建筑之间流线的合理便捷性，将一部分规划建筑结合综合门诊楼设计，两者通过空中中庭、绿化天井及共享大厅的设计，体现生态、共生、新陈代谢的设计理念。

整个平面规划设计结合其用地状况和周边城市的景观要素，达到内部自身相和谐，同时与外部环境完美结合，既流露出其对大自然的尊重，又展现了自身的特色与时代气息。

结合各个建筑功能及流线，在医疗综合楼及二期规划建筑周边设计环形道路，在满足行驶要求同时也满足消防安全要求。在北侧农业路上分别设置急门诊出入口及后勤办公出入口，东面设置住院入口，东南角设垃圾污染物出口，基本上做到合理组织、洁污分流、各行其道的功能要求，避免了患者、医护人员、疗养人员以及洁净物、污染物的交叉，为使用者提供了安全保障。

总平面图

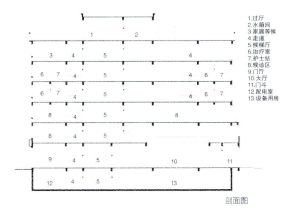

剖面图

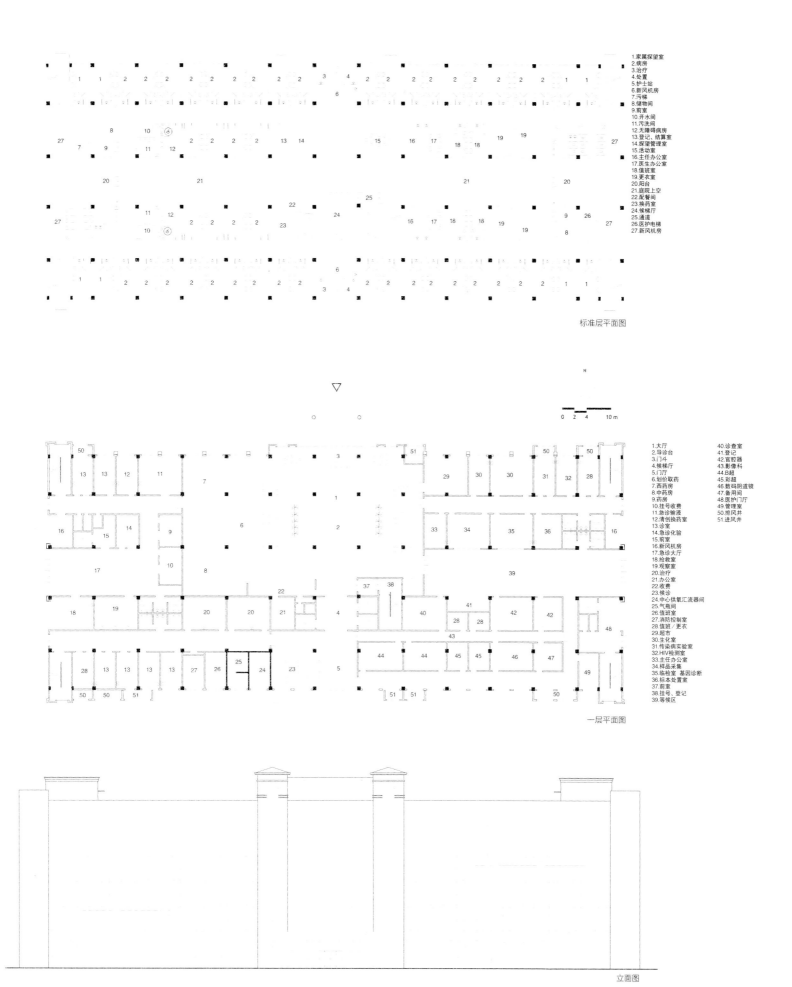

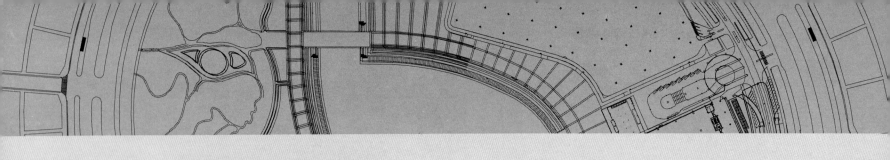

3 商业金融建筑
Commercial & Financial Construction

宝龙郑州商业广场
Baolong Zhengzhou Commercial Plaza

澳柯玛(郑州)国际物流园区
Aokema (Zhengzhou) International Logistics Park

华丰国际装饰物流园（一期）
Owen International Decorative Logistics Park

郑州市中博物流俱乐部
Zhongbo Logistics Club, Zhengzhou

漯河大厦
Luohe Building

郑州红星美凯龙国际家居广场
Red Star Macalline International Household Plaza, Zhengzhou

中国大唐河南分公司生产调度大楼
Production management Building, Henan Branch, China Datang

永和国际广场
Yonghe International Plaza

王鼎国贸
Wangding Internatioal Trade

郑东新区大酒店
Grand Hotel of Zhengdong New District

宝龙郑州商业广场
Baolong Zhengzhou Commercial Plaza

建设单位：郑州宝龙置业发展有限公司
地　　址：如意东路东、农业东路南、九如路西、东西运河北
设计单位：中国建筑西北设计研究院
施工单位：中国建筑第三工程局
用地面积：190477.1m²
建筑面积：地上188668m²，地下67137m²
建设规模：地上3层，地下1层
主要用途：商业
设计时间：2006年1月

该项目是复合商业地产中最先进的运作模式——全生活购物中心，打造集购物、休闲、美食、娱乐、游乐、文化、旅游、酒店式公寓为一体的"一站式"全生活购物中心。

宝龙城市广场是郑州市重点工程、形象工程，其占地近290亩（约19.3hm²），总建筑面超250000m²，共计190000m²的商业，15000m²酒店式公寓，超过50000m²的地下停车场。

宝龙城市广场拥有古典主义风格外立面，包含A、B、C、D四个区域，内容涵盖大型超市、专卖店、精品百货、家电大卖场、时尚家居广场、美食广场、中外餐厅、五星级影院、国际标准真冰滑冰场等各种商业形态，业态分布合理，功能齐全，商圈范围可覆盖郑州200~300km约半径范围、1000万的消费群。广场内有宝龙倾力打造的七大休闲娱乐情景广场，将成为郑州旅游的亮点，必将吸引周边大量的市民来此游憩，不久的将来其必将成为郑东的名片、郑州的名片、中原的名片。

1.夜总会大厅
2.夜总会
3.次级店
4.卖场
5.广场
6.中级主力店
7.超市

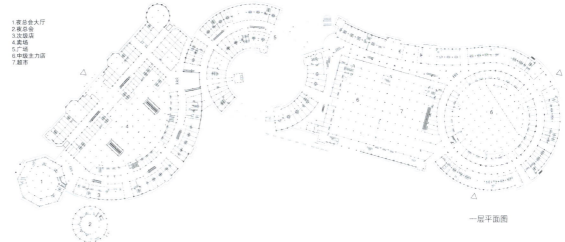

一层平面图

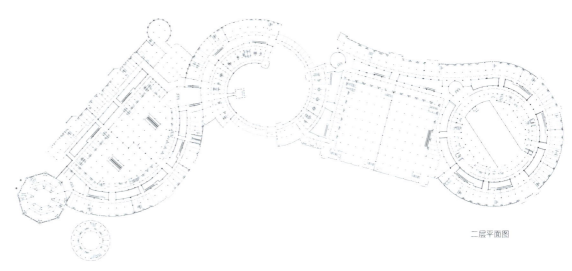

二层平面图

1.绿地
2.商业
3.消防车道
4.电影城百货
5.公厕
6.城市绿地
7.夜总会
8.迪厅
9.地下车库入口
10.超市
11.商场滑冰场
12.开闭所
13.酒店式公寓
14.屋顶绿地
15.停车场

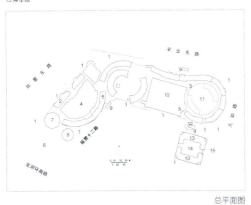

总平面图

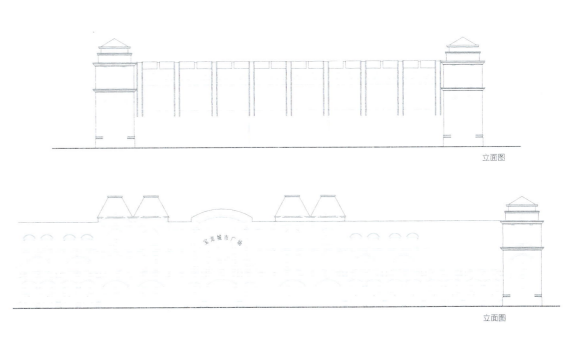

立面图

立面图

| 郑东新区 | **157**
城市设计与建筑设计篇

澳柯玛(郑州)国际物流园区
Aokema (Zhengzhou) International Logistics Park

建设单位：郑州澳柯玛物流开发有限公司
地　　址：通泰路东、商都路南、七里河北
设计单位：天津大学建筑设计研究院
　　　　　天津华厦建筑设计有限公司
　　　　　北京华特建筑设计顾问有限公司郑州分公司
　　　　　山东建筑工程学院设计研究院
　　　　　机械工程第六设计研究院
设计人员：张锡智、高林、杨文录、丁健、赵燕
施工单位：广厦湖北第六建筑工程有限责任公司
　　　　　中国有色金属工业第六冶金建设公司
　　　　　郑州第一建筑工程有限责任公司
　　　　　林州市建筑工程三公司
用地面积：178200.3 ㎡
建筑面积：290638 ㎡
建设规模：地下一层，地上四层
主要用途：物流
设计时间：2004.11 (A1)

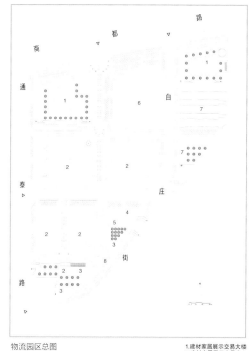

物流园区总图

1.建材家居展示交易大楼
2.建材家居展示交易中心
3.公寓式写字楼
4.公寓式酒店
5.餐饮、娱乐健身中心
6.麦德龙
7.建材家居展示仓储中心
8.雕塑广场

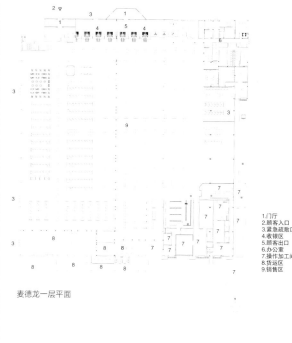

麦德龙一层平面

1.门厅
2.顾客入口
3.紧急疏散口
4.收银区
5.顾客出口
6.办公室
7.操作加工间
8.货运区
9.销售区

　　澳柯玛（郑州）国际物流园区整个园区内均为1~3层建筑，局部采用4层。建筑风格采用简洁明快的现代建筑风格，根据不同功能要求进行立面处理，不做过多装饰，主要通过材料本身的色彩、质感的搭配对比表现建筑应有的性格。

　　麦德龙：紧邻城市主干道，交通便利；位于入口广场和环境景观轴附近，环境优美。建筑为一层，形态简洁大方，以实体块为主，色彩采用深蓝色，营造具有广告性和包装性的建筑外观。在商场前后均设置绿化式停车广场，实用方便。

麦德龙立面一

麦德龙立面二

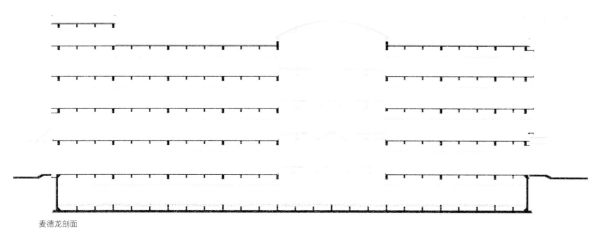

麦德龙剖面

A区建材家居商场立面

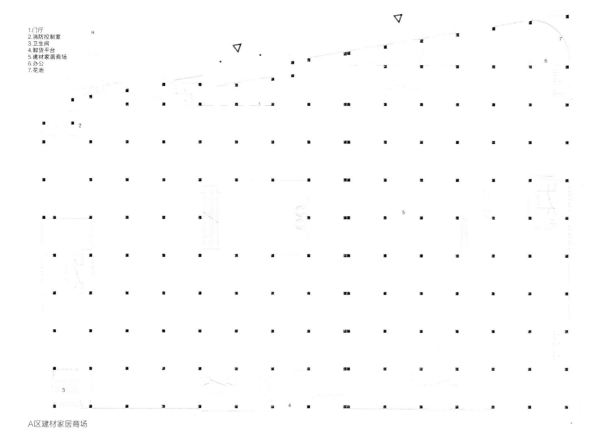

1.门厅
2.消防控制室
3.卫生间
4.卸货平台
5.建材家居商场
6.办公
7.花池

A区建材家居商场

A区

建材家居展示交易大楼：

设计特点：组合灵活、规整秩序。在设计中通过变换建筑立面来发挥商业建筑的临街优势。首先，在整体上划分体量，合乎逻辑的布置关系。用沿街的实体带形体量去连接交汇处的虚体。然后，在各部分通过玻璃与实墙体变换穿插，使整个建筑体量完整统一。其中，西北交汇处，自然形成一片下大上收的椭圆形玻璃幕墙，强化入口的通透和开敞，而同侧另一交汇处，也布置了玻璃幕墙体，并在其顶部由实体伸出了一个三角形顶，跨街与对面的金融中心连接，构筑了建筑与周围环境的体量关系。在沿街立面上主要以实墙为主，通过广告牌状的实墙体与带形窗的虚体相结合，丰富了立面体量空间。

B区

建材家居展示交易大楼

设计特点：变换材质，相叠体量。通过简洁的建筑体形营造与顾客间的互动性，充分展示自身商业用途。设计中主要采用实墙面，北立面用玻璃、铝板、百叶，用材料强化建筑体量的相互交错、相叠，构成了流畅的变化组合体，营造了建筑立面上的错动与动感。同时，在交汇处自然形成一梯形的斜向玻璃幕墙，与两侧立面上的实墙相结合，构筑了一个现代感极强的建筑。

建材家居展示交易中心：

设计特点：单元组合，群体建筑。利用单元体的重复组合并灵活变化，形成连续而丰富的群体建筑外部立面的同时，也围合了群体状的商业建筑内环境空间。整体上，一南北向的带状体量连接东西的三个带状体，构成了一个3层的群体状建筑；局部中，它们是由单元体组合而成。其中，单元体是由一个玻璃虚体和一个实墙体前后凹凸连接而成，每两个单元体的一层处横向伸出一入口雨棚，组合成一个细胞体，一个细胞体通过一实墙体镜像对称复制成另一个细胞体，这样连续生成了一个沿街立面体量。在建筑上采用实墙构筑，简洁而流畅。在沿主路的立面上，入口挖空，形成2层高的架空空间，以供车、人流的集散，在区内两条主轴交汇处的建筑角处，竖起一个标志性的塔楼，厚实、流畅的外墙和灵巧的中庭玻璃形成对比，以视觉中心的形象突显出来。在另外两个长条形的带状建筑体量上，用体量间的凹凸构成主动的空间形态。

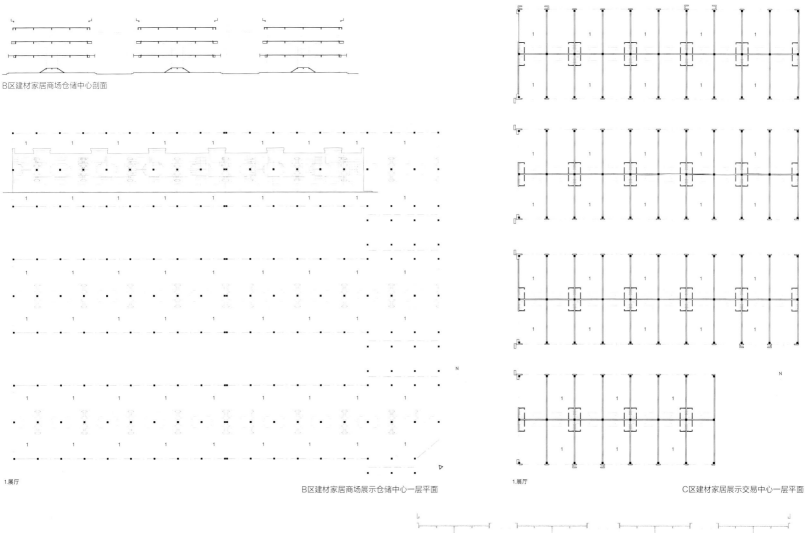

B区建材家居商场仓储中心剖面

1.展厅

B区建材家居商场展示仓储中心一层平面

1.展厅

C区建材家居展示交易中心一层平面

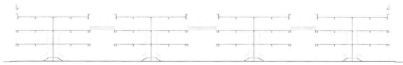

C区建材家居展示交易中心剖面

C区建材家居展示交易中心立面

建材家居展示仓储中心：

　　设计特点：虚实相间，置换体量。强调建筑体量的呼应，构筑建筑与建筑间的共享环境。在设计中，沿道路立面以实墙为主，轮廓简单而流畅的变换体形，表现整体体量。在干道的交汇处，作为视觉中心，重点强调其呼应的展示作用。建筑上利用两实墙体连接中间嵌入一玻璃体，形成突出的两层商业建筑入口空间。并在二层处插入一片玻璃雨棚，下面布置带状广告商牌，强化入口的同时，又发挥了商业建筑的广告职能。同时入口处采用不同的建材，竖向的木百叶和实材与钢材的相互结合、组织，构成了轻盈而流畅的建筑端头立面。

C区
建材家居展示交易中心和餐饮娱乐健身中心：

　　集合了商务、办公、会议、娱乐等功能，建筑造型通过鲜明的虚实对比、明快的色彩体现了现代化办公的快捷高效，而通透宽敞的大空间则与餐饮娱乐融为一体。

华丰国际装饰物流园（一期）
Owen International Decorative Logistics Park

建设单位：郑州华丰投资有限公司
地　　址：商都路南、七里河南路东
设计单位：中国机械工业第三设计研究院
施工单位：浙江宝业建设集团有限公司
用地面积：105812.1m²
建筑面积：地上66388.1m²，地下13126.1m²
建设规模：地上12层，地下1层
主要用途：物流
设计时间：2007年9月

华丰国际装饰广场立足国际和国内市场发展趋势，全新推出的高起点、高标准、高规划的最新一代专业市场，该项目位于郑东新区商贸物流园区核心区域，是郑州建材市场成熟商圈和新兴中原建材大道商都路的黄金节点。首期规划用地180余亩（约12hm²），总投资10亿元，是以商品展示交易为主线，集批发、零售、展览、商住洽谈、仓储加工、物流配送、电子商务、休闲娱乐于一体的多功能、现代化、多业态、复合性的商贸物流中心。

一期产品展示中心主要以产品的集中展示、加工、包装和仓储配送为主，相应的在展示中心中配置一定数量的商务楼、车库和库房，总建筑面积66388m²，建筑类别为一级，防火等级为二级。

该项目强调"以人为本"的设计思想，处理好人与建筑，人与环境，人与交通，人与空间以及人与人之间的关系，从总体建筑上统筹考虑建筑与道路绿化空间之间的和谐，创造一个宜于人居的环境空间。

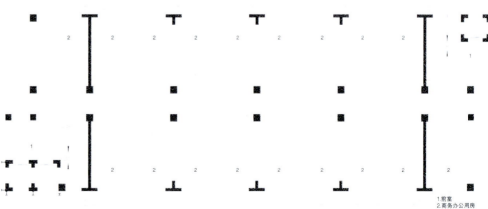

一期标准层平面图

1.卧室
2.商务办公用房

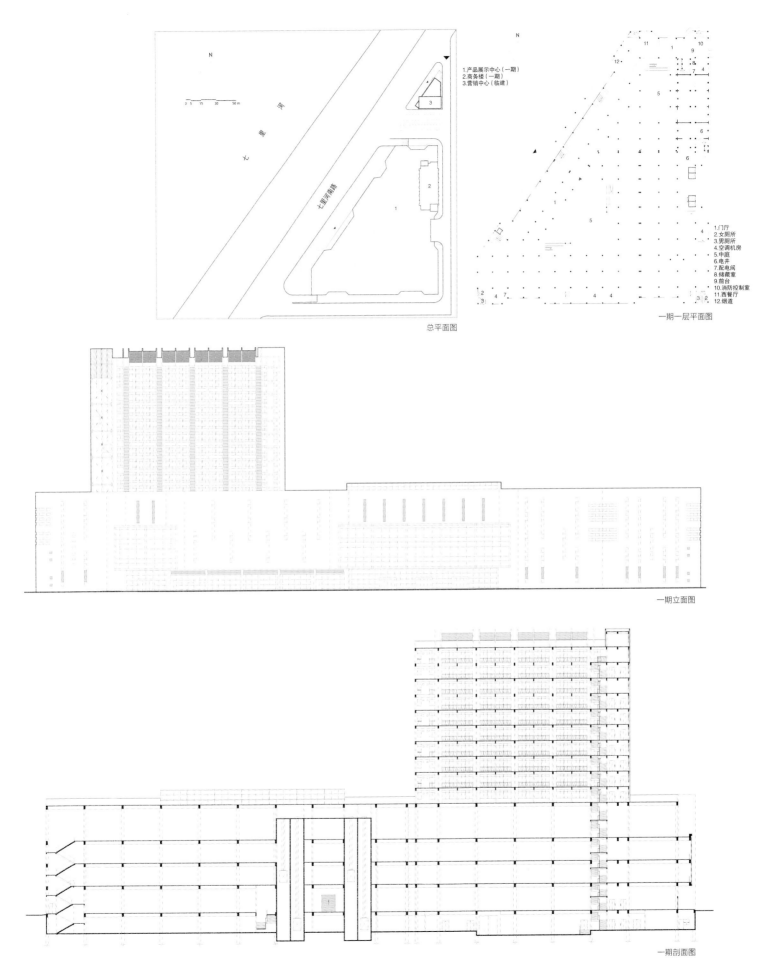

郑州市中博物流俱乐部
Zhongbo Logistics Club, Zhengzhou

建设单位：郑州市青龙山蔬菜有限公司
地　　址：通泰路东、永平路北、七里河西
设计单位：广东建筑艺术设计院有限公司
施工单位：江苏第一建筑安装有限公司
用地面积：27711m²
建筑面积：地上 52591m²，地下 10070m²
建设规模：地上 16 层，地下 1 层
主要用途：商业
设计时间：2004 年 12 月

该项目总体布局中结合用地的空间位置、开发性质、规划要点，充分利用土地，合理布局，将南北较长地段分为两块，形成较大的围合广场。通过外部休闲广场的设置及建筑内部共享空间的穿插，营造能满足不同使用需求的购物与交通空间。

设计考虑了功能上发展的可变性和发展性，设置了更多的配套服务，以商务办公、住宿为主的塔楼和裙房有机地结合起来，通过变化丰富的空间组合，造成层层叠落、内涵丰富的内外部空间，同时使中心广场更有向心性。更多的通过室内外空间的过渡，创造了一个浑然天成的有机整体。透空的高架柱廊、层层退台的建筑既丰富了建筑的景观，又创造了宜人的视觉，更创造了大量的屋面及室外的休闲活动娱乐空间。设计采用连续的建筑界面，形成变化丰富的韵律感；通过对建筑物高度和体量的控制，形成错落有致的天际轮廓，并利用连廊、平台及建筑之间的小广场来调节大小环境，营造了步移景异的效果。

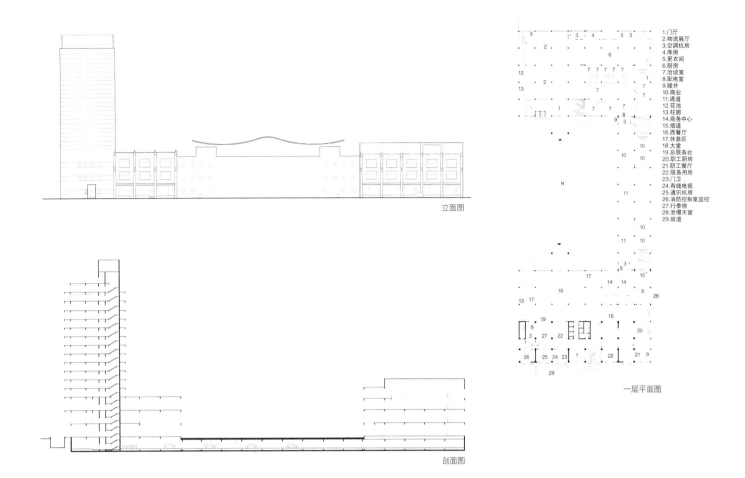
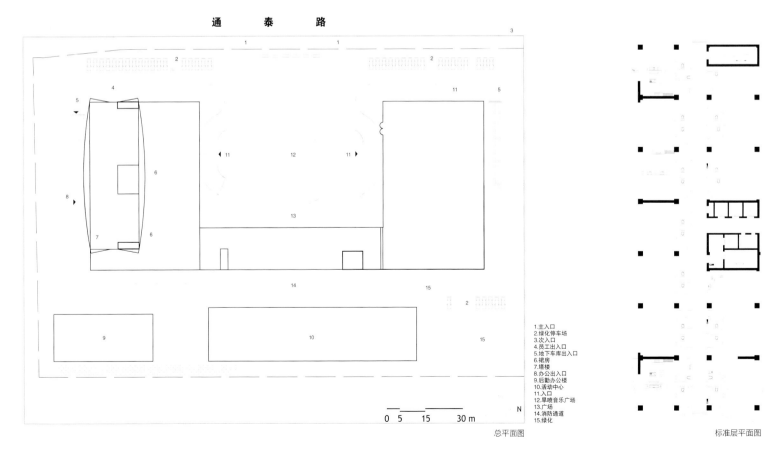

漯河大厦
Luohe Building

建设单位：漯河市人民政府驻郑州办事处
地　　址：民生路东、正光路北
设计单位：清华大学建筑设计研究院
施工单位：浙江宝业建设集团有限公司
用地面积：13865m²
建筑面积：地上13866.85m²，地下3237.5m²
建设规模：地上12层，地下2层
主要用途：办公
设计时间：2005年6月

该项目包含餐饮、康乐、住宿、会议等主要功能。一层为西餐、早餐；二、三层相应设置会议区、特色餐厅及多功能宴会厅，各功能区配置相应数量的包间。餐饮区主要集中布置于各层东侧，与东北角后勤厨房区紧密联系，缩短送餐通道，并且靠近东北角后勤入口，方便货流出入。大堂西侧一至三层功能依次为大堂吧、娱乐区、会议区，其中会议区设大、中、小会议室并与宴会区位置接近，方便管理及使用。

建筑立面以石材为主，玻璃及金属幕墙点缀其中。整体建筑形体强调"功能决定形式"的设计理念，满足内部使用功能的同时也丰富了建筑的表情。整体的对称布局，坚实的外墙材料，沉稳的建筑形态，以及入口处的巨构钢架雨篷，处处突显政府办公建筑端庄、肃穆的个性，同时通过金属材料的运用，又使其具有较强的现代感和惊人尺度。

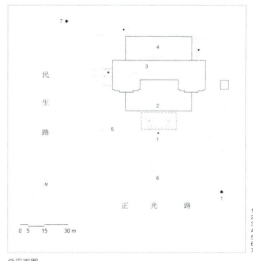

总平面图

1.主入口
2.裙房
3.主楼
4.附楼
5.绿化停车
6.大型音乐喷泉
7.次入口

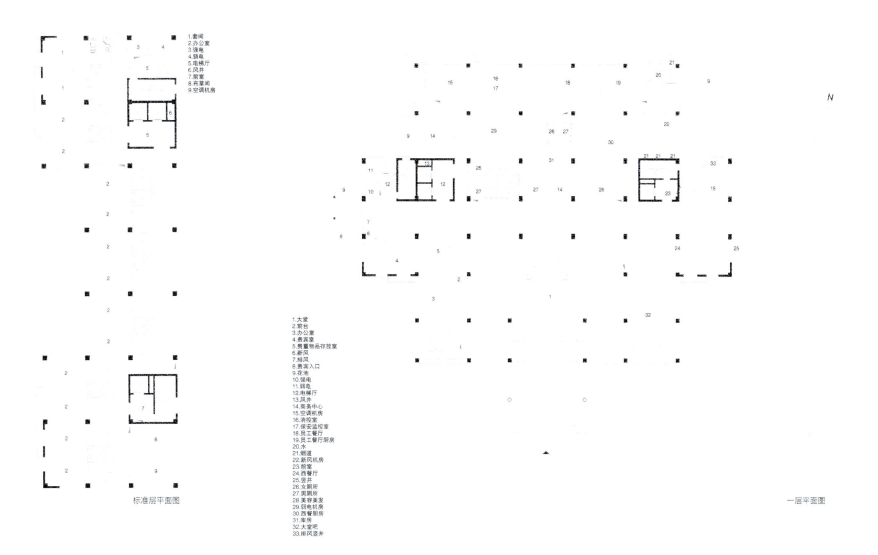

1.套间
2.办公室
3.强电
4.弱电
5.电梯厅
6.风井
7.前室
8.布草间
9.空调机房

标准层平面图

1.大堂
2.前台
3.办公室
4.贵宾室
5.贵重物品存放室
6.新风
7.排风
8.贵宾入口
9.花池
10.强电
11.弱电
12.电梯厅
13.风井
14.商务中心
15.空调机房
16.消控室
17.保安监控室
18.员工餐厅
19.员工餐厅厨房
20.水
21.烟道
22.新风机房
23.前室
24.西餐厅
25.竖井
26.女厕所
27.男厕所
28.美容美发
29.弱电机房
30.西餐厨房
31.库房
32.大堂吧
33.排风竖井

一层平面图

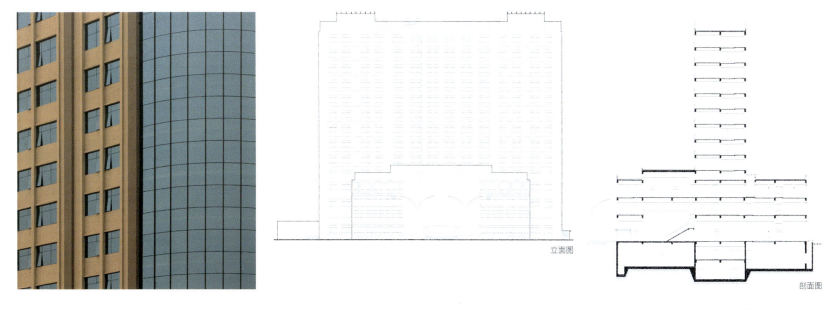

立面图

剖面图

郑州红星美凯龙国际家居广场
Red Star Macalline International Household Plaza, Zhengzhou

建设单位：郑州红星美凯龙国际家居广场置业有限公司
地　　址：商都路南、中州大道东
设计单位：江苏省纺织工业设计研究院有限公司
施工单位：江苏省第一建筑安装有限公司
用地面积：65066.5m²
建筑面积：地上85013.56m²，地下17285.02m²（一期）
建设规模：地上12层，地下1层
主要用途：商业
设计时间：2006年7月
竣工时间：2007年10月

区内建筑功能主要分两块，北面为大面积的多层家居广场，南面为一扁U形高层公寓楼。其中公寓为2跨6层带地下室的多层框架结构大卖场，其楼底层部分为家居广场。卖场平面布置以大空间和广视野引导人流，卖场内通过4个直通屋顶的钢结构玻璃屋面构成大型共享中庭，使卖场内获得了充足的自然光线和扩大的人群视野，并且促使了卖场内人流的有序流动。中庭的绿化流水设计和周边的有机布景将家居购物融入到旅游观光中。

建筑立面设计通过引入流行的表现元素，给整个家居广场带了良好的商业氛围。卖场建筑主要通过大面积的玻璃幕墙和铝板贴面对比，使大体量建筑被有机分割；卖场底层由于玻璃幕墙和钢构架的有力衬托，使卖场建筑在保持厚实感的同时，透着一种轻快灵动的现代气息。公寓楼以整齐而又有变化的飘窗为主体，其间辅以铝板贴面，底层以厚重的巨型钢柱和钢构百叶为基础，顶部架设平实的钢构架，围合中间公寓楼的富有立体感的飘窗；底层卖场金属质感铝板的拔起，将玻璃幕墙分割，多立面地分割使呆板的大平面具有层次感。

整个建筑将两种不同功能的建筑很好地糅合在一起，将商业气氛和生活空间联系起来，通过与周围环境的结合，处处表现了现代建筑的魅力。

1.门厅
2.中庭上空
3.底层卖场
4.中庭

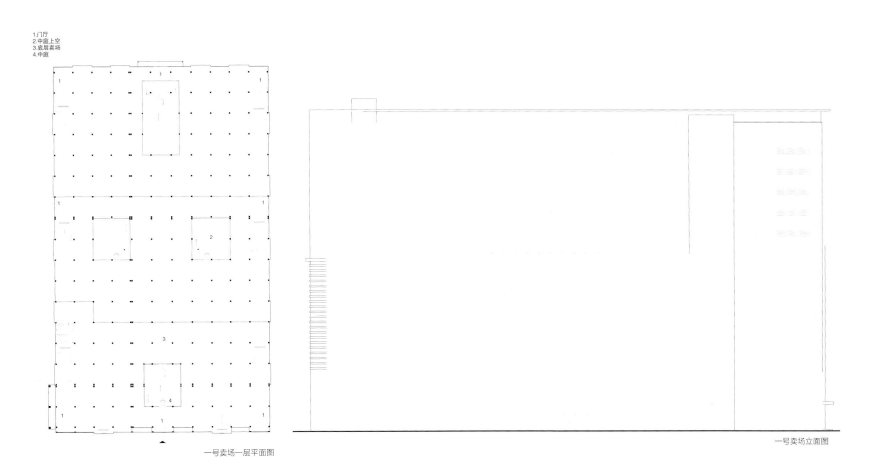

一号卖场一层平面图

一号卖场立面图

1.主入口
2.立体机械停车场
3.汽车库出入口
4.次入口
5.屋顶绿化
6.卖场一
7.卖场二
8.冷却塔

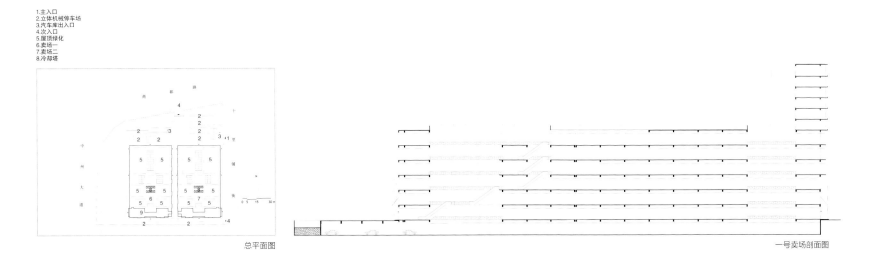

总平面图

一号卖场剖面图

中国大唐河南分公司生产调度大楼
Production Management Building, Henan Branch, China Datang

建设单位：中国大唐集团公司河南分公司
地　　址：民生路东、正光北街南
设计单位：同济大学建筑设计研究院
施工单位：河南省第六建筑集团公司
用地面积：8000m²
建筑面积：地上15076.2m²，地下4978m²
建设规模：地上9层，地下2层
主要用途：办公
设计时间：2007年5月8日

该项目由两组建筑和两重院落构成，两组建筑分别是高层办公楼和附属裙房，由其围合的两个不同特征的庭院分别是由高层内部容纳的共享空间和高层与裙房围合起来的内院。建筑空间以内向性特征为主，采用对位、围合、地势变化处理来丰富建筑的内外部空间。在内外部空间之间，通过局部底层架空创造出充满可能性的"大空间"。整个建筑空间通过外部空间—"灰空间"—内部空间的有序过渡，丰富了空间的内涵和品质。

外立面造型设计着重体现建筑物端庄、大方的综合楼特征，又兼顾明快、新颖的科技表现。利用现代建筑的美学原理，以几何构图形式，突出其简洁明快特征，同时通过圆与方、水平与垂直等形式的对比，以及铝板和玻璃的搭配构成，彰显了建筑的简约大方而又丰富瑰丽的独特个性。同时强调建筑立面的竖向线构，影射现代信息网络时代的海量数据流传递信息资源的时代特征。

1.中庭
2.主楼
3.裙房
4.地下车库出入口

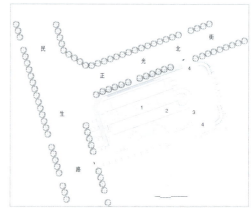

总平面图

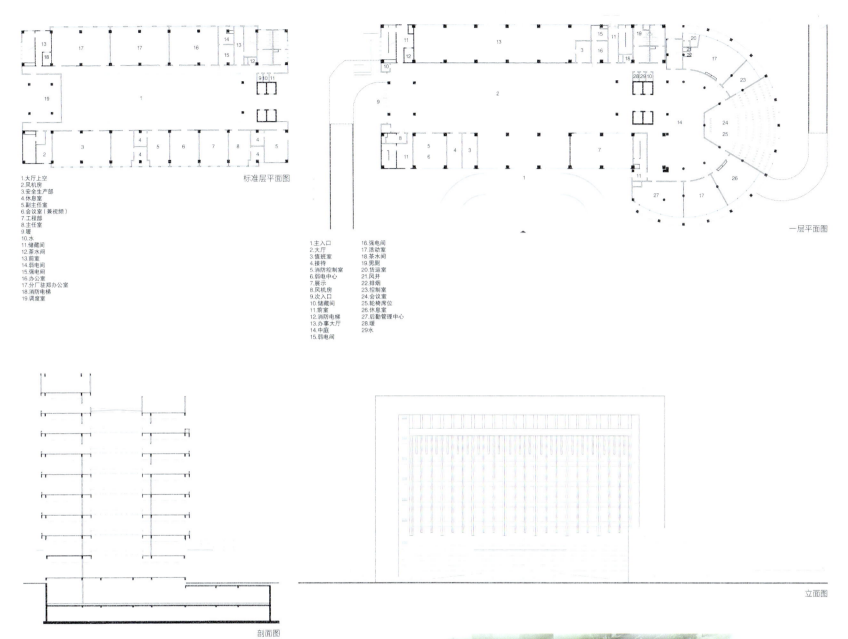

1.大厅上空
2.风机房
3.安全生产部
4.休息室
5.副主任室
6.会议室（兼视频）
7.工程部
8.主任室
9.暖
10.水
11.储藏间
12.茶水间
13.前室
14.弱电间
15.强电间
16.办公室
17.分厂驻郑办公室
18.消防电梯
19.调度室

标准层平面图

1.主入口
2.大厅
3.值班室
4.接待
5.消防控制室
6.弱电中心
7.展示
8.风机房
9.次入口
10.储藏间
11.前室
12.消防电梯
13.办事大厅
14.中庭
15.弱电间
16.强电间
17.活动室
18.茶水间
19.男厕
20.货运室
21.风井
22.排烟
23.控制室
24.会议室
25.轮椅席位
26.休息室
27.后勤管理中心
28.暖
29.水

一层平面图

剖面图

立面图

永和国际广场
Yonghe International Plaza

建设单位：河南省永和置业有限公司
地　　址：金水东路南、民生路西
设计单位：泛华工程有限公司
施工单位：华升建设集团有限公司
用地面积：33124m²
建筑面积：地上117600m²，地下14850m²
建设规模：地上19层，地下1层
主要用途：办公
设计时间：2007年3月

本案建筑规模较大，为了争取更佳的通风、采光、视野等条件，大楼设计为"工"形平面，南北楼体上部建筑形体联系在一起，塑造出大楼完整、简洁、通透的建筑体形。楼体设计了两道相扣合的弧线形体，打破了长达140m建筑立面的单调，使建筑体量更为灵动和富有生机。交通核心设计兼顾集中与分散，中央交通核心设6部客梯和4部疏散梯。大楼四翼端部的四个小交通核心，紧凑适用，设两部观光电梯，一部疏散梯，既可满足内部办公人员的使用，又可饱览郑东美景。

项目绿化设计层次分明，错落有致，并兼顾景观性与实用性。树种以浓荫乔木，如法桐、白蜡等为主，补充常绿高档园林树种，如香樟、棕榈，兼顾季相变化。绿化广场以可移动花体为主，配模纹植物四季花卉，灵活多变。竖向绿化与平面绿化相结合的设计手法，最大限度地拓展绿化空间。

大厦上下均采用现代感极强的设计元素。水平线条格栅幕墙、碟形空中观景平台、圆形的入口构架，均为整个建筑形体不可或缺的有机组成部分。南北两楼在东西立面的上部，设计一圆形观景厅与之相连，是大厦整体联系的纽带，成为东西立面上的视觉中心。大楼四角共设8部弧形观光电梯，成为建筑立面上运动的风景，为使用电梯的办公人员提供了绝佳的运动视角，顶部还设有大型的夜景灯，在郑东迷人的夜色中放出异彩。大楼外墙以实墙面、垂直条窗为主，局部设造型幕墙，采用了外墙保温、铝合金中空玻璃窗、中空玻璃幕墙、保温屋面等技术措施，保证了建筑的低能耗。

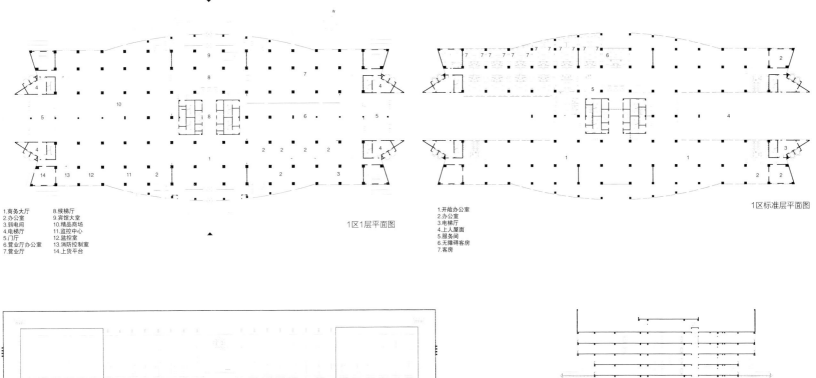

1.商务大厅	8.候梯厅
2.办公室	9.宾馆大堂
3.弱电间	10.精品商场
4.电梯厅	11.监控中心
5.门厅	12.监控室
6.营业厅办公室	13.消防控制室
7.营业厅	14.上货平台

1区1层平面图

1.开敞办公室
2.办公室
3.电梯厅
4.上人屋面
5.服务间
6.无障碍客房
7.客房

1区标准层平面图

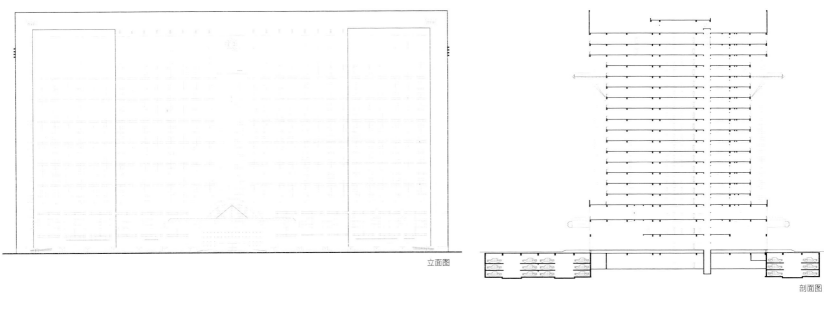

立面图

剖面图

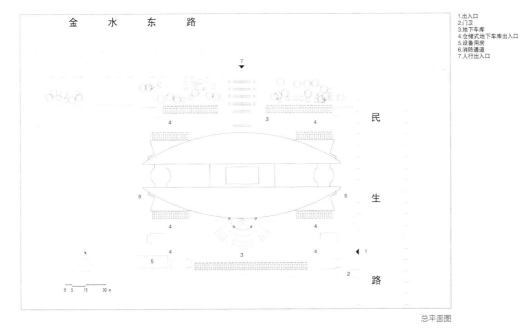

金水东路

民生路

1.出入口
2.门卫
3.地下车库
4.仓储式地下车库出入口
5.设备用房
6.消防通道
7.人行出入口

总平面图

效果图

王鼎国贸
Wangding Internatioal Trade

建设单位：河南王鼎泓大置业有限公司
地　　址：正光路北、民生东路东、正光北街南
设计单位：煤炭工业郑州设计研究院有限公司
施工单位：中建七局（上海）有限公司
用地面积：15333.3m²
建筑面积：地上51107m²，地下14210m²
建设规模：地上15层，地下2层
主要用途：办公
设计时间：2006年12月

该项目设计理念从城市设计出发，创造平淡含蓄、简洁素雅的办公建筑形象，着重对建筑内涵、细部、材质潜力的挖掘，实现建筑功能、造型、环境与人性化的和谐统一。建筑主体采用矩形与矩形互穿插的空间模式，使整栋建筑充满活力和动感，并蕴含着丰富现代哲理；矩形与矩形的切割与重叠，体现大自然基本形态的反复灵活多变，并寓意其蓬勃旺盛的生命力。

该建筑群上部为3个单体，下部3层以商业裙房相连，主楼为公寓式办公楼，平面组合自由灵活，为公寓使用者提供了一个良好的使用空间。建筑立面在矩形基础上有"加""减"变化，整体突出建筑挺拔向上的立意。竖向重点为主体及头部处理的协调统一，使建筑既简洁明快又富有多彩的细节设计，并将企业文化与建筑语言相结合。材料上，底部运用石材，表现庄重的气氛，主体运用玻璃和金属窗框线条的对比，突出现代建筑的气质。

景观设计上采用地面和空中相结合的立体绿化系统。地面围绕建筑物设计绿化水面等与建筑物穿插布置，3层裙房顶部设屋顶绿化，建筑主体顶部设空中绿化环廊，从而形成立体景观系统。

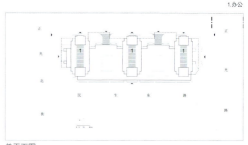

总平面图

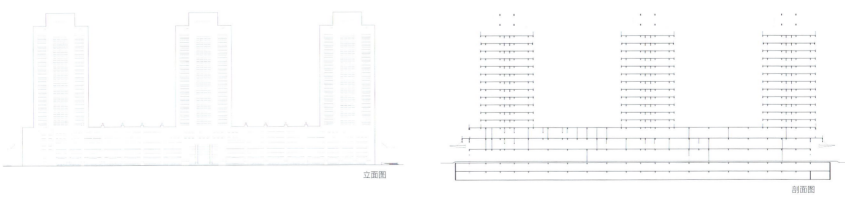

立面图

剖面图

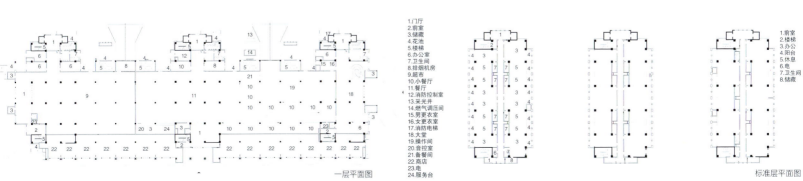

1.门厅
2.前室
3.储藏
4.花池
5.楼梯
6.办公室
7.卫生间
8.排烟机房
9.超市
10.小餐厅
11.餐厅
12.消防控制室
13.采光井
14.燃气调压间
15.男更衣室
16.女更衣室
17.消防电梯
18.大堂
19.操作间
20.音控室
21.备餐间
22.商店
23.电
24.服务台

1.前室
2.楼梯
3.办公
4.阳台
5.休息
6.电
7.卫生间
8.储藏

一层平面图

标准层平面图

郑东新区
城市设计与建筑设计篇 | **175**

郑东新区大酒店
Grand Hotel of Zhengdong New District

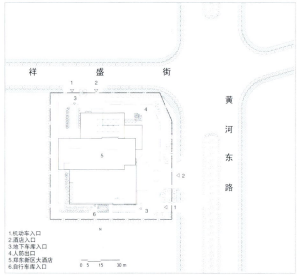

总平面图

建设单位：郑州市沣贤德投资有限公司
地　　址：黄河东路西、祥盛街南
设计单位：北京三似伍酒店设计顾问有限责任公司
　　　　　郑州市建筑设计院
施工单位：中建三局二公司
用地面积：3169m²
建筑面积：地上32023m²，地下12005m²
建设规模：地上19层，地下2层
主要用途：商业
设计时间：2007年3月

该建筑采用了框架剪力墙结构，中央空调系统。裙房为一至四层，客房为五至十九层。地下二层主要为酒店设备区，地下一层主要为停车场、洗衣房及酒店员工配套服务设施。一层北侧为酒店餐饮主入口及大餐厅，东侧为酒店主入口大堂，西面为酒店后勤、物流入口；二层为餐饮包房、会议、多功能厅；三层为豪华包房区；四层为康体娱乐旅游健身区，五层及五层以上为客房区。

整个平面功能设计满足了动静分离，客、货、员工分离的原则，避免了人流交叉造成的相互干扰，更加有利于客人活动、休息以及酒店的运行管理。在外立面的设计中力图给建筑以豪华、现代、大气、雄壮、稳重的设计特色，在纷繁的都市中使客人有一种归属感、亲切感、安全感。

1.大餐厅前厅
2.大餐厅
3.水池
4.汽车库出入口
5.冷藏
6.冷冻
7.收货
8.卸货平台
9.洗手间
10.后厨区
11.垃圾转运
12.大堂
13.大堂吧
14.西餐厨房
15.中西自助咖啡厅
16.西饼店
17.弱电机房
18.安全消防控制室
19.自行车出入口
20.汽车库出口

一层平面图

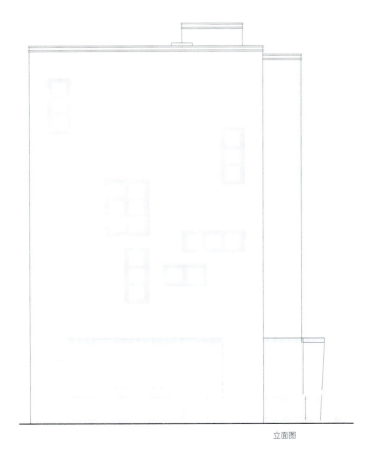

立面图

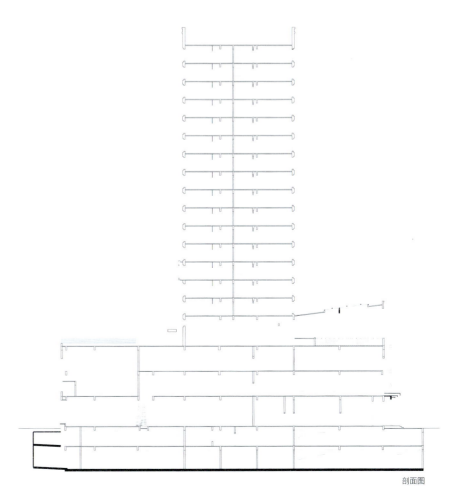

剖面图

郑东新区
城市设计与建筑设计篇 | 177

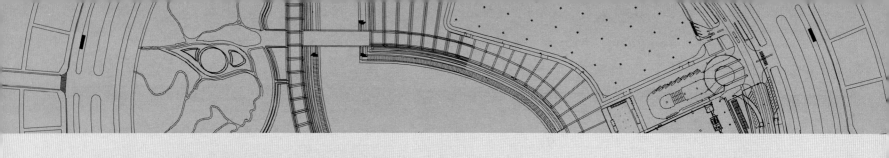

4 教育科研建筑
Education and Scientific Research Buildings

北大附中河南分校外国语小学
Foreign Language Primary School, Henan Branch of The Affiliated High School of Beijing University

河南省实验学校郑东中学
Zhengdong Middle School of Henan Experimental School

河南省实验学校郑东小学
Zhengdong Primary School of Henan Experimental School

河南广播电视大学
Henan Radio and TV University

河南职业技术学院
Henan Vocational- Technical College

郑州航空工业管理学院
Zhengzhou Aviation Industry Management College

华北水利水电学院
North China Institute of Water Resources and Hydropower

河南中医学院
Henan Traditional Chinese Medicine College

郑州广播电视大学
Zhengzhou Radio and TV University

北大附中河南分校外国语小学
Foreign Language Primary School, Henan Branch of The Affiliated High School of Beijing University

建设单位：	郑州宇华教育投资有限公司
地　　址：	农业东路北、龙湖外环路东
设计单位：	同济大学建筑设计研究院规划设计
	中辰建筑设计事务所
监理单位：	郑州华都建设监理有限公司
施工单位：	杭州党湾建筑工程公司 河南瑞林建安有限公司
用地面积：	94385m²
建筑面积：	43124m²
建设规模：	教学楼4层，办公楼5层，宿舍楼5层
主要用途：	学校
设计时间：	2004年11月
竣工时间：	2006年4月

北大附中河南分校是由北京大学、北大附中主办的一所公办民助的现代化新型学校，是北京大学与河南省政府签订的省校合作重点项目。校区位于农业东路与龙湖环路交会处，东临金水河畔。学校占地94385m²，建有外国语小学、幼儿园及相应的配套用房，规划校舍建筑面积43124m²，小学在校人数达1500人。主入口的整个建筑形象犹如一艘航船，寓意"知识之舟"，教学楼共设公共教室40间，教师办公室8间。综合楼有图书阅览室、阶梯教室、语音教室、计算机房、音乐美术教室等。校区男女生宿舍各设一栋，宿舍以6人标准间为主，共有床位1409个，每间均带独立卫生间及阳台。

在校区规划设计中，不仅突出传统教学区域，更将学生的生活区域、交往空间、体育运动区有机整合在一起，既重视课堂教育中"授"的作用，又强调课外生活中"学"的作用，使教、学相结合。建设用地分为南北两大块，南部为外国语小学及幼儿园用地，北部为配套住宅小区用地。景观的考虑主要在于把整个学校的绿地作为一个绿色的面，处处见绿，渗透到校园的多个角落，同时为师生的交流提供了丰富多样的空间和场所。

建筑单体设计充分体现了传统和现代相结合的设计理念，在形体塑造上追求现代感，主要以比较完整的体块进行组织，并以连接、穿插、切割、镂刻等造型手段塑造出既统一又丰富多变的建筑形体和建筑空间。建筑强调虚实对比，凸显简洁明快的现代建筑风格。建筑色彩以红砖为基调，既是对中原文化的体现，又是对北京大学及北大附中传统学府的传承。而白色构件、木色百叶和透明玻璃等与砖墙并置、组合，体现出强烈的时代感，避免了砖墙的厚重感与建筑性格的冲突。

总平面图

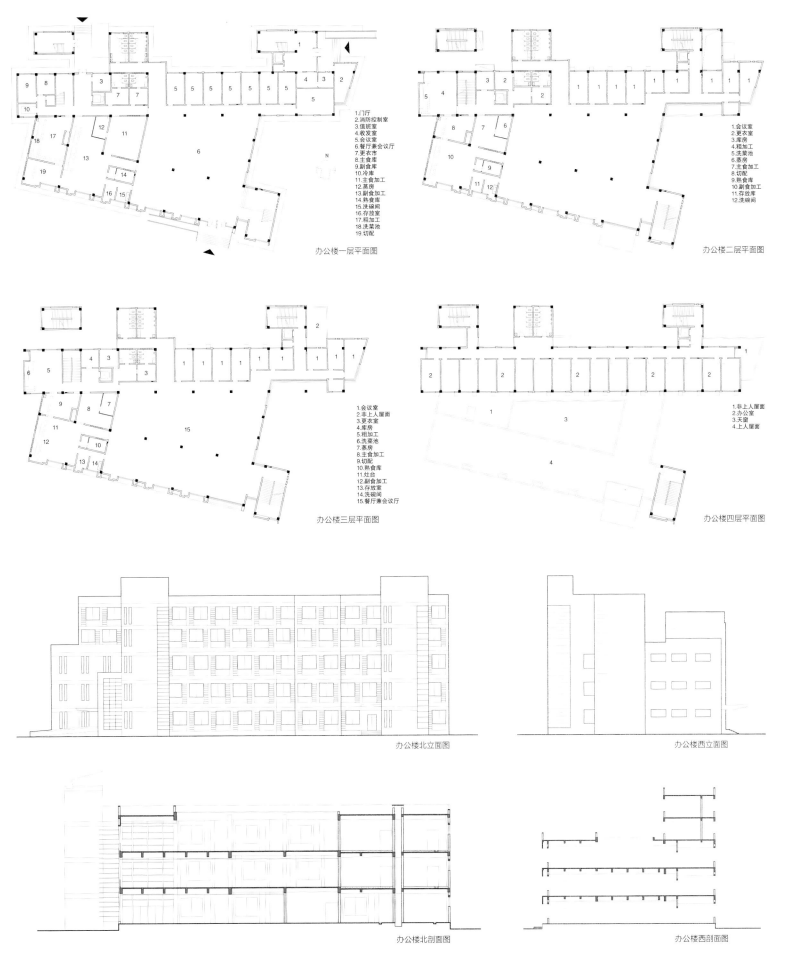

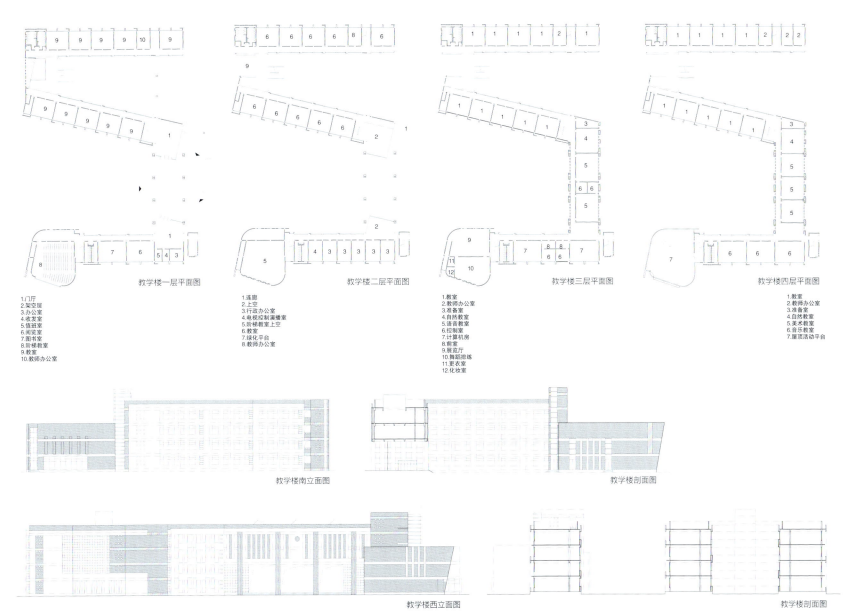

教学楼一层平面图

1.门厅
2.架空层
3.办公室
4.收发室
5.值班室
6.阅览室
7.图书室
8.阶梯教室
9.教室
10.教师办公室

教学楼二层平面图

1.连廊
2.上空
3.行政办公室
4.电视控制演播室
5.阶梯教室上空
6.教室
7.绿化平台
8.教师办公室

教学楼三层平面图

1.教室
2.教师办公室
3.准备室
4.自然教室
5.语音教室
6.控制室
7.计算机房
8.前室
9.展览厅
10.舞蹈排练
11.更衣室
12.化妆室

教学楼四层平面图

1.教室
2.教师办公室
3.准备室
4.自然教室
5.美术教室
6.音乐教室
7.屋顶活动平台

教学楼南立面图

教学楼剖面图

教学楼西立面图

教学楼剖面图

实景照片

实景照片

河南省实验学校郑东中学
Zhengdong Middle School of Henan Experimental School

建设单位：河南丰源置业有限公司
地　　址：农业东路南、九如路东
设计单位：深圳市建筑设计研究总院
设计人员：项目负责人：李正
　　　　　建筑：韩庆、周健、孙荣凯、李春
　　　　　结构：陈晶、谢毓才
　　　　　水电：王莹、史盛
施工单位：河南省东方建设集团有限公司
用地面积：116886m²
建筑面积：119281m²
主要用途：学校
设计时间：2006年5月
竣工时间：2007年9月

该校园规划设计以建设全国一流的、面向21世纪的花园式校园为目标，营造生态型校园。校园建设坚持可持续发展原则，统一规划，分期建设。学校规划72个教学班，可同时容纳2592名学生。在保障专业课程教学的同时，学校还专门设置艺术、实验教学楼，满足学生兴趣发展的需求。完善的大型食堂、宿舍楼等设施的建立，为学生住宿、走读、就餐等提供了良好的生活保障体系。

整体布局中，以南北主轴线为骨架，以东西轴线为辅助，形成庄严严谨的教学区空间序列，广场、建筑、庭园相融合。在南北主轴线东侧结合水体形成自由景观轴线，形成自由布局的系统，连接生活区、教学区和中心区域。群体呈现和谐有序的形态，建筑与绿化环境相互融合。

建筑风格设计上，充分体现中小学教育文化特色与建筑本体自身的内涵，建筑色彩以砖红、白色等为基调，立面造型体现水平与垂直、虚与实的特征，对比中形成明快而又有动感的造型。教学楼以圆弧形结合书页状开窗的形式，体现校园建筑的恢弘与博大。

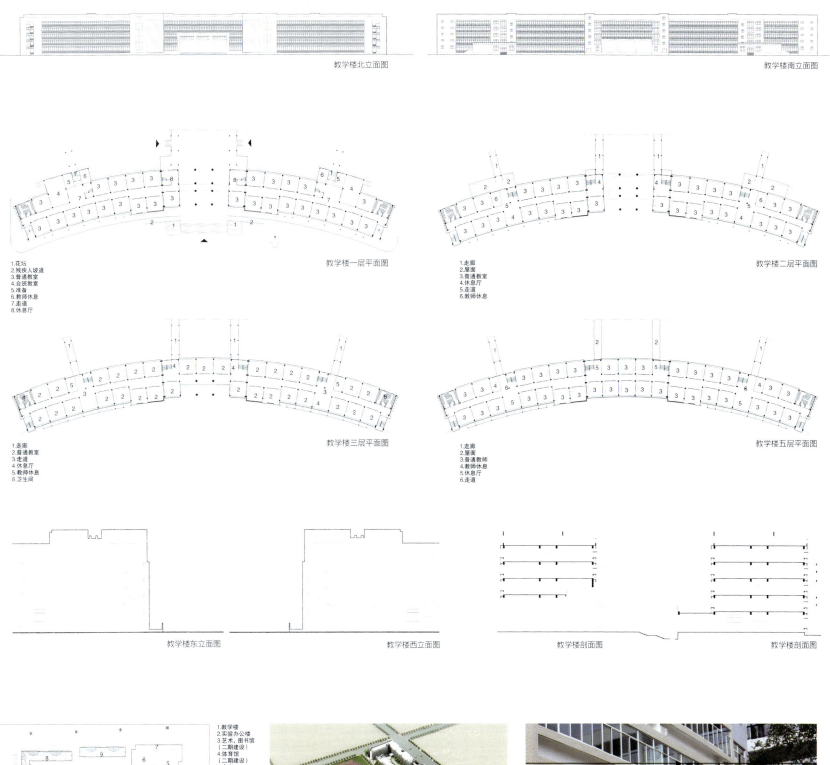

教学楼北立面图　　教学楼南立面图

1. 花坛
2. 残疾人坡道
3. 普通教室
4. 合班教室
5. 准备
6. 教师休息
7. 走道
8. 休息厅

教学楼一层平面图

1. 走廊
2. 屋面
3. 普通教室
4. 休息厅
5. 走道
6. 教师休息

教学楼二层平面图

1. 走廊
2. 普通教室
3. 走道
4. 休息厅
5. 教师休息
6. 卫生间

教学楼三层平面图

1. 走廊
2. 屋面
3. 普通教师
4. 教师休息
5. 休息厅
6. 走道

教学楼五层平面图

教学楼东立面图　　教学楼西立面图　　教学楼剖面图　　教学楼剖面图

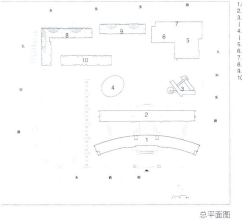

总平面图

1. 教学楼
2. 实验办公楼
3. 艺术、图书馆（二期建设）
4. 体育馆（二期建设）
5. 食堂
6. 餐厅
7. 配套用房
8. 学生宿舍1号楼
9. 学生宿舍2号楼
10. 学生宿舍3号楼

鸟瞰图

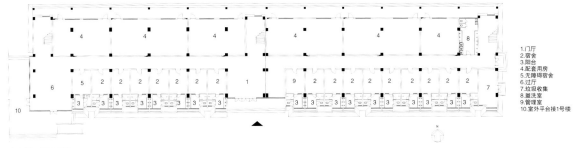

宿舍楼一层平面图

1.门厅
2.宿舍
3.阳台
4.配套用房
5.无障碍宿舍
6.过厅
7.垃圾收集
8.盥洗室
9.管理室
10.室外平台接1号楼

宿舍楼二层平面图

1.活动厅
2.过厅
3.宿舍
4.阳台
5.盥洗室
6.走廊通向1号楼
7.走廊通向三楼

宿舍楼三至六层平面图

1.活动厅
2.过厅
3.宿舍
4.阳台
5.盥洗室
6.连廊通向1号楼
7.连廊通向三楼

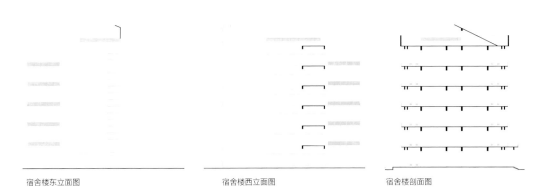

宿舍楼东立面图　　　宿舍楼西立面图　　　宿舍楼剖面图

河南省实验学校郑东小学
Zhengdong Primary School of Henan Experimental School

建设单位：河南永基置业有限公司
地　　址：九如东路东、天润街北
设计单位：机械工业第六设计研究院
设计人员：总项目负责人　于忠义
　　　　　建筑　于忠义　结构：常笑棠　给排水：陈春喜
　　　　　电气　郭克宇　暖通：赵炬
施工单位：河南省林州第九建设公司
用地面积：61727.4m²
建筑面积：50202.68m²
建设规模：教学楼4层，学生宿舍楼7层
主要用途：学校
设计时间：2005年4月
竣工时间：2006年9月

该校规划设计以建设全国一流的、面向21世纪的花园式校园为目标，营造生态型校园。校园建设坚持可持续发展原则，统一规划，分期建设。在保障专业课程教学的同时，学校还专门设置艺术、实验教学楼，满足学生广泛兴趣发展的需求。完善的大型食堂、宿舍楼等设施的建立，为学生住宿、走读、就餐等提供了良好的生活保障体系。

在整体布局中，以南北主轴线为骨架，以东西轴线为辅助，形成庄严严谨的教学区空间序列，广场、建筑、庭园相融合。在南北主轴线东侧结合水体形成自由景观轴线，形成自由布局的系统，连接生活区、教学区和中心区域。群体呈现和谐有序的形态，建筑与绿化环境相互融合。空间布局上，秩序与自由、张与驰、疏与密、刚与柔的对比，以及超常尺度形成强烈的形式感和场所感，表达了理性与情感交织，秩序与诗意相融的人文精神。同时，结合地方文化底蕴，将许慎的说文解字融于景观规划之中，曲折的流水犹如中国之传统文字文化渊源流长，孕育中华英才。

在建筑风格设计上，充分体现中小学教育文化特色与建筑本体自身的内涵，建筑色彩以砖红、白色等为基调，立面造型体现出水平与垂直、虚与实的特征，在对比中形成明快而又有动感的造型。图书馆中部以圆弧形结合书页状开窗的形式，同时两侧配以教学建筑的内侧连廊体现校园建筑的恢弘与博大。两翼教学组团与中心图书馆共同构成小学校园主轴广场的重要标志性建筑。

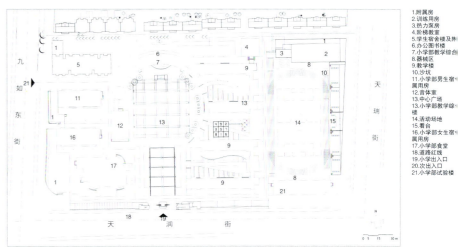

总平面图

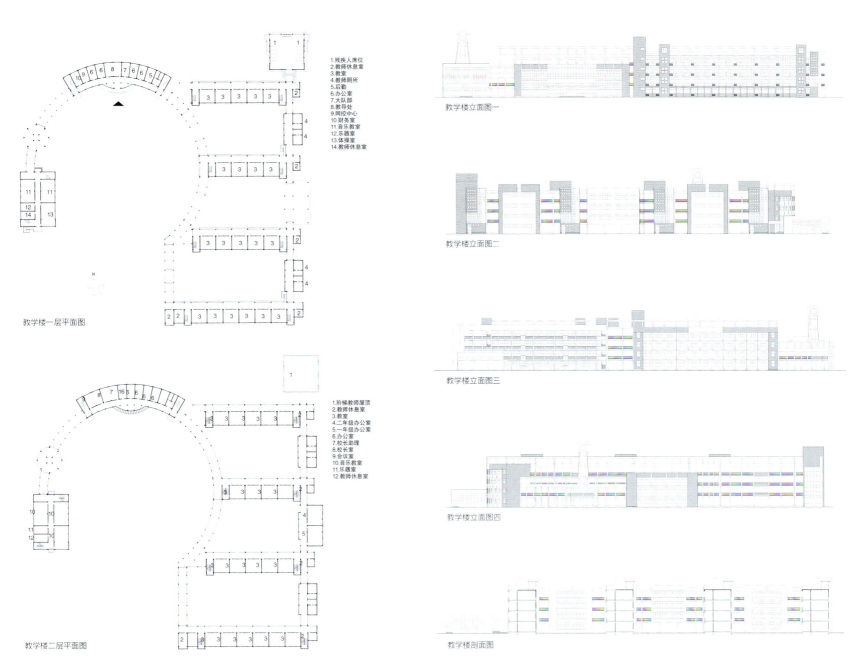

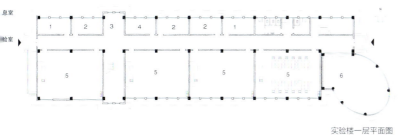

实验楼一层平面图

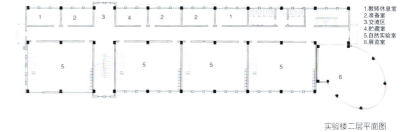

1. 教师休息室
2. 准备室
3. 交流区
4. 贮藏室
5. 自然实验室
6. 展览室

实验楼二层平面图

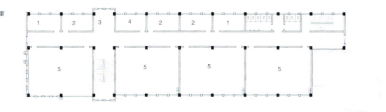

实验楼三层平面图

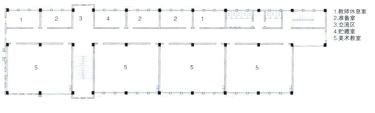

1. 教师休息室
2. 准备室
3. 交流区
4. 贮藏室
5. 美术教室

实验楼四层平面图

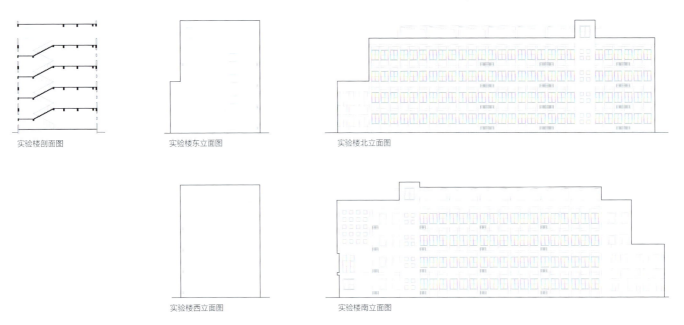

实验楼剖面图　　实验楼东立面图　　实验楼北立面图

实验楼西立面图　　实验楼南立面图

河南广播电视大学
Henan Radio and TV University

建设单位：河南广播电视大学
地　　址：龙子湖北路南、文苑北路西
设计单位：北京清华安地建筑设计顾问有限公司
　　　　　河南省城乡规划设计研究院
施工单位：河南第一建设工程有限公司
　　　　　郑州正岩工程建设公司
　　　　　河南新蒲建设公司
用地面积：249400m²
建筑面积：147000m²
设计时间：2005年10月
竣工时间：2006年9月

　　河南广播电视大学新校区位于郑东新区龙子湖高校园区，占地面积460亩（约31hm²），规划建筑面积147000m²，在校生规模5000人，总用地面积24.94hm²。
　　我校新校区截止2006年6月底完成竣工面积96000m²，可满足6500名学生学习生活需要。整个新校区基础设施基本完成，修建校园道路3.5km，建成区绿化基本完成，形成了相当好的景观效果。修建了灯光球场、排球场、简易足球场、乒乓球场。整个校园实现了数字化管理，学生住宿、就餐、购物、洗澡、喝水均无现金交易，一卡在手就能实现消费需求。整个校园广播、校园监控、校园网络运行良好。目前新校区在校生5200人，教职工300人。

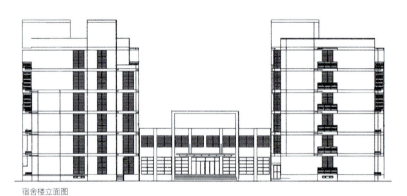

宿舍楼立面图

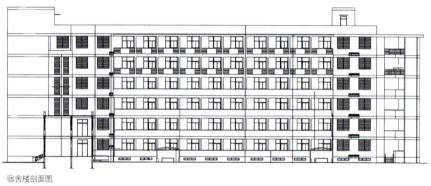

宿舍楼剖面图

食堂立面图一

食堂立面图二

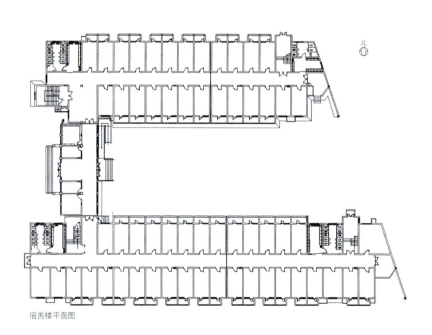

宿舍楼平面图

河南职业技术学院
Henan Vocational–Technical College

建设单位：河南职业技术学院
地　　址：文苑北路东、祭城路东
设计单位：中南建筑设计院
施工单位：郑州市第一建筑有限公司
　　　　　河南林州第九建筑有限公司
用地面积：778670m²
建筑面积：160000m²
主要用途：学校
设计时间：2005年8月
竣工时间：2006年9月（一期）

河南职业技术学院是经国家教育部批准成立的全日制公办普通高校，是河南省首批建立的新型高等职业院校。该校新校区位于郑东新区龙子湖高校园，设计在校生规模为1.3万人，现入住5300人。一期工程教学楼、学生食堂、学生公寓等10栋建筑已投入使用。在建项目有图书馆、机电实训中心、汽修实训中心和行政办公楼。待建项目有餐旅实训中心、音乐分院、技校、大门和学生住宅。

学院拥有满足教学生活需要的教学楼、食堂、大学生公寓，建有标准化运动场，图书馆藏书50余万册。拥有多媒体教室28个，配备新型计算机1700多台，有8个实训中心，各类实训实验室108个。本着"教学互动、资源共享、高效运作、持续发展"的方针，规划建成一座21世纪现代化的具有个性特色的大学校园。

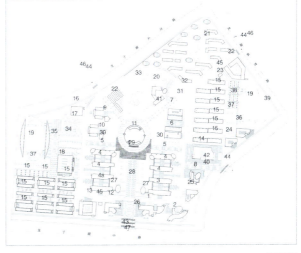

总平面图

郑州航空工业管理学院
Zhengzhou Aviation Industry Management College

建设单位：郑州航空工业管理学院
地　　址：文苑西路东、祭城路南
设计单位：天津大学建筑规划设计研究院
　　　　　河南省城乡建筑设计院
设计人员：项目负责人：牟兵
　　　　　建筑：周志伟　结构：李志超
　　　　　电气：王曙光　水暖：王平辉
施工单位：河南天工建设集团
用地面积：965000m²
建筑面积：482500m²
主要用途：学校
设计时间：2004年5月
竣工时间：2005年9月（一期）

该校区位于郑东新区龙子湖大学园区，是进入龙子湖大学城首要经过的地块，是第一所规划建设的大学，对区域的建设具有示范启发效应。用地面积96.5hm²，规划学生规模为16000人。

校区的规划目标与郑东新区黑川纪章的规划理念相延续，与龙子湖地区的用地特点相吻合，与高校发展的趋势相适应，形成自身的空间特色。运用分形理论，使校园与龙子湖大学城乃至郑东新区的空间模式同构。在人与自然共生，技术与艺术共生，历史与未来共生，学术与生活共生之中创造的一所共生校园。

对校园"开放型"的关注是大学设计的发展趋势。包括校园内的开放（学科院系之间的交叉与交流），校园内外空间的开放（无围墙，大片绿化带将学校融入城市），学校资源的社会共享。校区规划建设有教学楼、图书馆、文体中心、学术交流中心、科技广场、下沉舞台等教学公共设施，将建设成为一座功能性、现代化的综合大学。

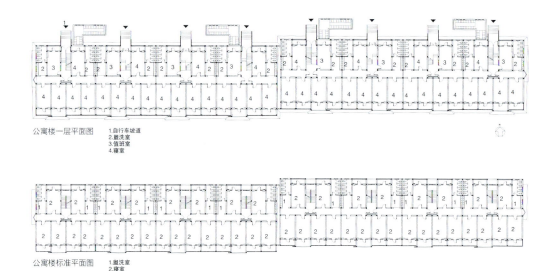

公寓楼一层平面图
1.自行车坡道
2.盥洗室
3.值班室
4.寝室

公寓楼标准平面图
1.盥洗室
2.寝室

鸟瞰图

总平面图

公寓楼南立面图

公寓楼北立面图

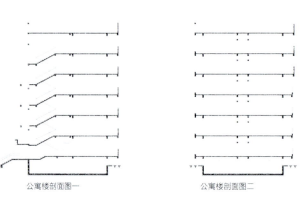

公寓楼剖面图一　　　公寓楼剖面图二　　　公寓楼东立面图

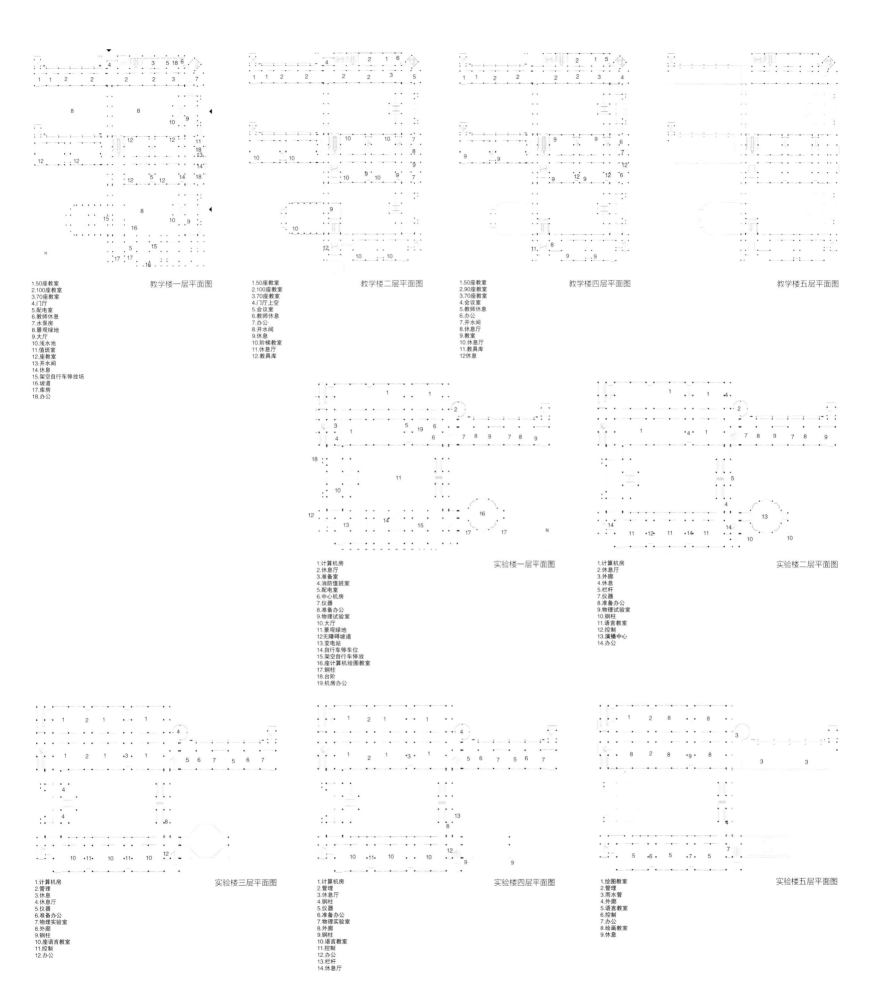

华北水利水电学院
North China Institute of Water Resources and Hydropower

建设单位：华北水利水电学院
地　　址：金水东路北、博学路西
设计单位：东南大学建筑设计研究院　河南纺织设计院
设计人员：项目负责人　滕衍泽、李光
　　　　　建筑　滕衍泽、顾燕、郝宗涵
　　　　　结构　刘文、王颖铭、吕应华
　　　　　水　　赵元、刘中勇
　　　　　电　　罗振宁、唐杰
　　　　　暖　　许东晟、汤龙飞
施工单位：河南省水利建筑安装公司　河南省中原建筑公司
　　　　　郑州市第一建筑有限公司
用地面积：1067000m²
建筑面积：540000m²
主要用途：学校
设计时间：2005年11月
竣工时间：2006年9月（一期）

该校区基地形状呈扇形，以山水为核，充分利用核心景观区的景观优势和良好的小气候，以创造优美的教学环境。

建筑组团以半围合方式将主要的人流集散布置在面向湖区的东侧，充分体现人文要素与自然要素的结合，借用开阔的空间和良好的视线通廊，使教学区与整个校区产生有机的联系。

教学楼组团位于校区中央偏北，是中心教学区的主体建筑群。整个建筑群由一幢5层的教学楼和一幢主体3层的讲堂群组成，集中安排中、小教室与教学管理用房。讲堂群主体3层，集中布置单间面积较大、层高要求较高的大（阶梯）教室与会堂。改变一般教学楼中走廊冗长封闭的传统，利用楼梯与阳台等要素，改善其采光通风等条件，使走廊不再成为消极空间，将线性均质空间改善成为点线结合的有变化的开放空间，提供教与学、师与生互动交流的场合，营造开放性的交流空间。

学生活动中心和浴室建筑主体为3层,局部4层。底层布置浴室、商业网点和学生活动中心入口,二层北部为商业网点,南部布置学生活动中心;三层为学生活动中心。通过连廊将学生活动中心和食堂以及学生宿舍联结为一个整体。学生活动中心与食堂之间的空间廊道又形成一个进入大学生生活区的象征性大门,使生活区里的学生获得很强的领域感。

建筑立面造型处理上，大面积自由曲线的玻璃幕墙与直线造型的主体部分形成强烈的虚实对比。宿舍外墙以白色为主，并以灰蓝色坡屋顶跳跃其中，使色彩变化而统一，明快而又协调。造型设计强调凹凸变化及虚实对比，利用开敞阳台、玻璃楼梯等功能性构件，组成富于变化的立面肌理。通过现代手法、现代材料的应用使之具有雅致、细腻、简朴的风格。同时加入大面积通透门窗及局部金属百叶的装饰，体现出传统与现代兼容的建筑风格。

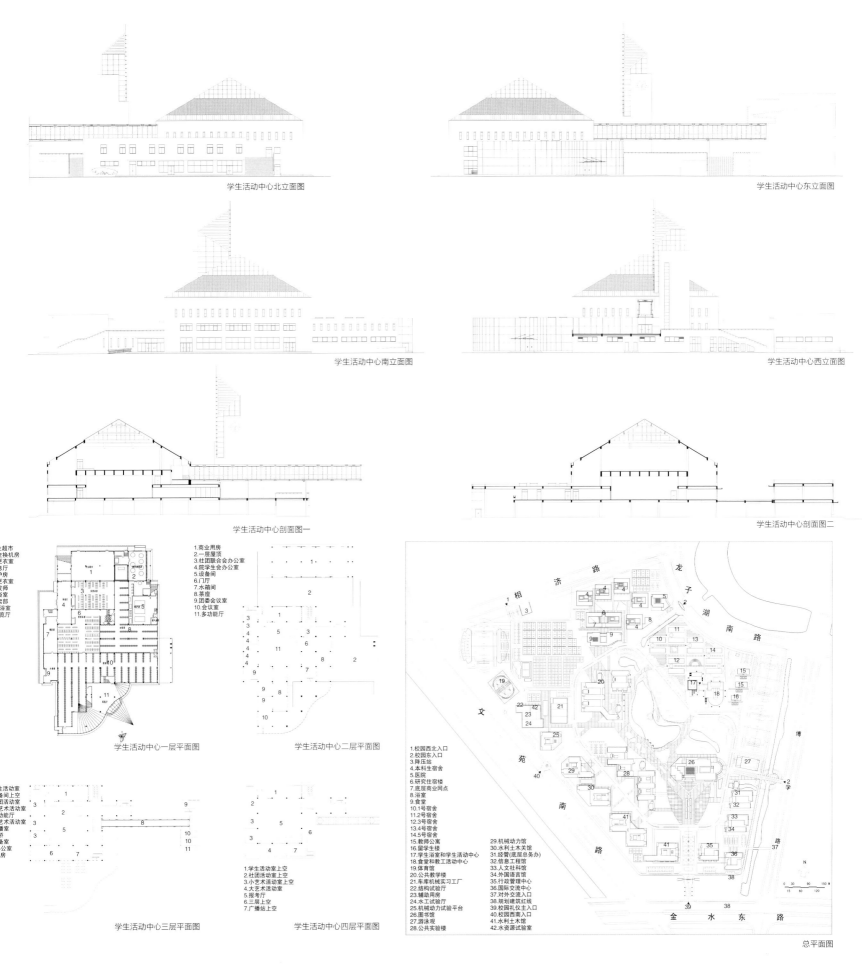

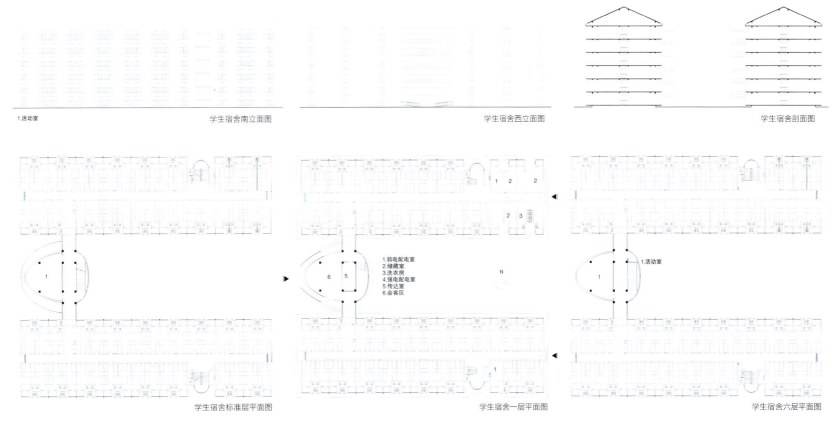

1.活动室

学生宿舍南立面图

学生宿舍西立面图

学生宿舍剖面图

1.弱电配电室
2.储藏室
3.洗衣房
4.强电配电室
5.传达室
6.会客区

1.活动室

学生宿舍标准层平面图

学生宿舍一层平面图

学生宿舍六层平面图

1. 校医院
2. 服务中心
3. 食堂
4. 游泳馆
5. 教工活动中心
6. 体育馆
7. 学生活动中心
8. 国际交流中心
9. 教学楼
10. 实验楼
11. 办公楼
12. 图书信息中心
13. 交流中心
14. 南入口

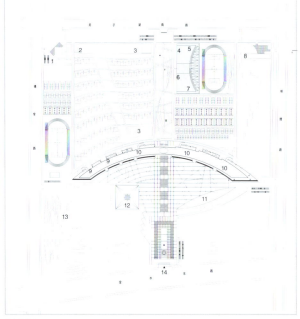

总平面图

河南中医学院
Henan Traditional Chinese Medicine College

建设单位：河南中医学院
地　　址：金水东路北、博学路东
设计单位：华东建筑设计研究院　机械工业第六设计研究院
设计人员：毛卫东、肖汉川、赵炬、郭临武、张俊红、
　　　　　陈家模、崔景立、曹元伟、米月、李涛
施工单位：北京新兴建设工程公司
用地面积：872670m²
建筑面积：440000m²
建设规模：教学实验楼9层，学生宿舍7层
主要用途：学校
设计时间：2004年6月～2005年9月
竣工时间：2006年9月（一期）

该校区占地1309亩（约87hm²），规划建筑面积44万m²，规划学生规模1.5万人。总体设计采用大虚大实、大疏大密的设计手法，充分体现中国文化、中原文化、中医文化的特色，力求将其建设成为生态化、园林化、数字化、功能齐全、全国一流的现代化中医药大学。

校区最引人注目、别具特色的即为横贯校园的教学实验楼，其以圆弧形结合书页状开窗的形式，体现校园建筑的恢弘与博大。建筑整体划分为教学区和科研实验区，并设置了多层次的公共休息及交流空间。主轴西侧为教学区，安排60人教室52间，120人教室76间，240人教室7间，360人合班教室3间，多功能活动室1间。主轴东侧为实验区，安排各类实验用房共210间。

教学实验楼整体框架已完成，A区局约2.6万m²已投入使用。现新校区建设已初具规模。三栋学生宿舍楼、学生食堂、洗浴中心、小综合办公楼已投入使用，已有3000多名学生在新校区学习、生活。

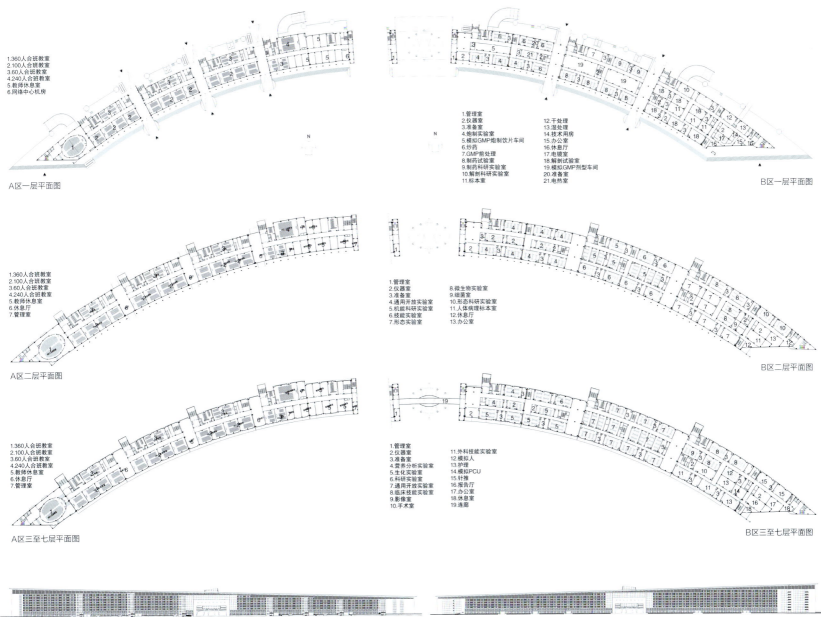

A区一层平面图
1. 360人合班教室
2. 100人合班教室
3. 60人合班教室
4. 240人合班教室
5. 教师休息室
6. 网络中心机房

B区一层平面图
1. 管理室
2. 仪器室
3. 准备室
4. 炮制实验室
5. 模拟GMP炮制饮片车间
6. 炒药
7. GMP前处理
8. 制药试验室
9. 制药科研实验室
10. 解剖科研实验室
11. 标本室
12. 干处理
13. 湿处理
14. 技术用房
15. 办公室
16. 休息厅
17. 电镜室
18. 解剖试验室
19. 模拟GMP剂型车间
20. 准备室
21. 电热室

A区二层平面图
1. 360人合班教室
2. 100人合班教室
3. 60人合班教室
4. 240人合班教室
5. 教师休息室
6. 休息厅
7. 管理室

B区二层平面图
1. 管理室
2. 仪器室
3. 准备室
4. 通用开放实验室
5. 机能科研实验室
6. 技能实验室
7. 形态实验室
8. 微生物实验室
9. 细菌室
10. 形态科研实验室
11. 人体病理标本室
12. 休息厅
13. 办公室

A区三至七层平面图
1. 360人合班教室
2. 100人合班教室
3. 60人合班教室
4. 240人合班教室
5. 教师休息室
6. 休息厅
7. 管理室

B区三至七层平面图
1. 管理室
2. 仪器室
3. 准备室
4. 营养分析实验室
5. 生化实验室
6. 科研实验室
7. 通用开放实验室
8. 临床技能实验室
9. 影像室
10. 手术室
11. 外科技能实验室
12. 模拟人
13. 护理
14. 模拟PCU
15. 针推
16. 报告厅
17. 办公室
18. 休息室
19. 连廊

实验楼北立面图　　　实验楼南立面图

郑州广播电视大学
Zhengzhou Radio and TV University

建设单位：郑州广播电视大学
地　　址：东三环东、东风渠南
设计单位：郑州市建筑设计院
设计人员：建筑：陈宇、周萌、靳卫红、田净沙
　　　　　结构：张亚、周文杰、宋继甄、牛自立
　　　　　给排水：李天鸣
　　　　　电气：李刚
　　　　　暖通：艾子颖
监理单位：郑州宏业监理咨询有限公司
　　　　　河南华冠监理咨询有限公司
施工单位：河南省第五建筑工程有限公司
用地面积：124912m²
建筑面积：45000m²
主要用途：学校
设计时间：2005年2月
竣工时间：2006年10月

该校是由郑州市政府主办（公办学校），隶属中央广播电视大学系统，是以现代电子信息技术为主要教学手段进行高等学历教育的一所综合性高等院校。其西临东三环，北靠东风渠，周围环境优美、交通便利。主要有教学楼、图书馆、实验楼、体育馆、多功能餐厅、公寓楼等教学办公建筑，规划学生人数10000人。

整个校区规划设计分为3个功能区，即教学区、运动区和生活区，力求做到"动、静"分区明确。教学区布置在沿东风渠规划道路一侧，运动区布置在用地西南侧，生活区设置在用地东侧，在教学、生活与运动区之间设置50～100m宽的校园中心绿化景区，形成自然隔声屏障，同时校园中心绿化景区力求与东三环城市道路绿化带融为一体，形成城市绿化景观的亮点，体现出现代开放式的庭院风格。

各楼采用架空连廊相连接，使内外景观相互渗透，融为一体，同时注重校园各楼之间的小环境设计，为师生提供优美的休息场所。建筑单体与总体规划风格一致，采用现代风格的造型设计，色彩力求淡雅，材料对比鲜明，典雅中不失活泼。

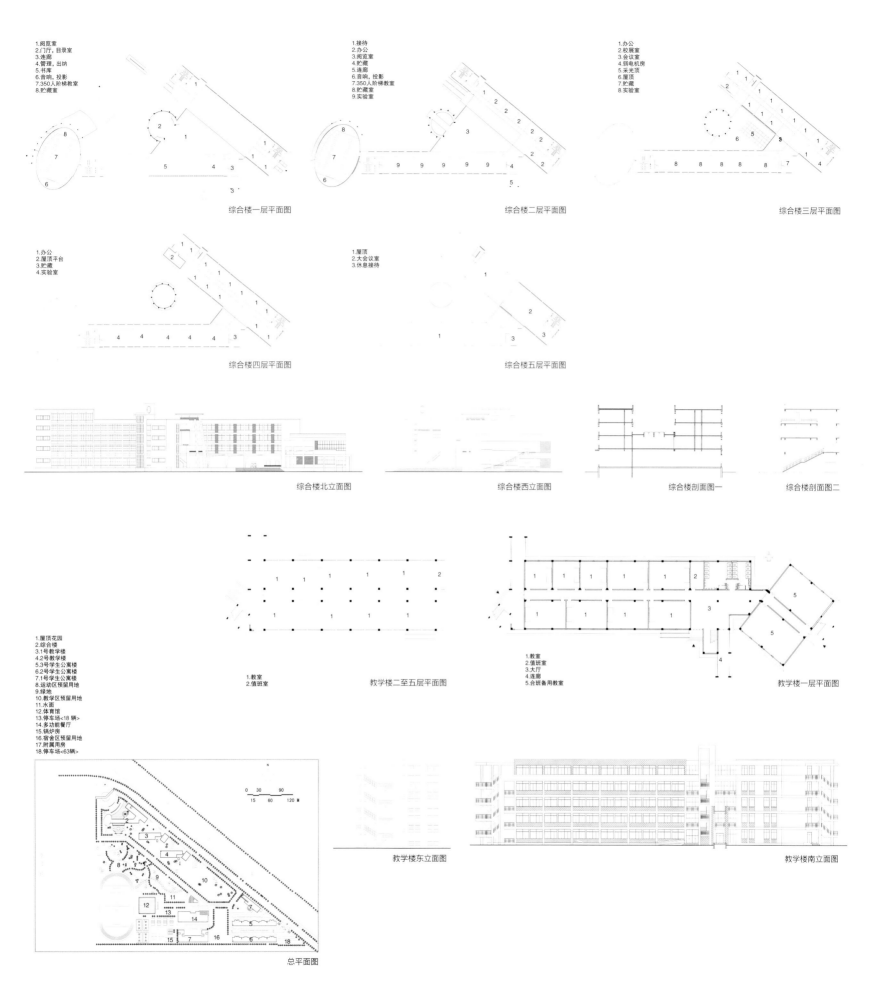

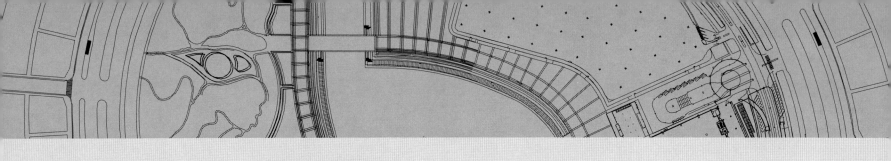

5 文化娱乐建筑
Culture and Entertainment Constructions

世界客属文化中心
World Hakka Cultural Centre

郑州市图书馆新馆（郑州市市民文化中心）
New Library of Zhengzhou

世界客属文化中心
World Hakka Cultural Centre

建设单位：郑东置业有限公司
地　　址：商鼎路北、万安街东
设计单位：机械工业第六设计研究院
施工单位：中国新兴建设开发总公司
用地面积：97300m²
建筑面积：72000m²
建设规模：地上4层，地下1层，
设计时间：2005年12月

该方案在总体布局上分为文化馆区、纪念馆区和商务会馆区三个功能区，三个建筑均为圆柱形体量，其设计构思源于客家土楼的建筑形式。

文化馆建筑面积约3.8万m²，地下1层，地上4层，主要用来陈列客家人的历史文化；纪念馆建筑面积约0.9万m²，地下1层，地上3层，其功能为客家人固定的祭祖建筑，两者均为非营利性场所；商务会馆建筑面积约2.5万m²，地下1层，地上3层，主要发挥商业地产的作用，设计功能为休闲娱乐场所，其经营所得主要用于解决整个项目的日常维护及运转经费。

工程建设分两期同步进行，一期为文化馆和纪念馆，二期为商务会馆。目前三个馆均已实现主体封顶，各项专业安装工程正大面积展开施工。

1. 文化馆主入口
2. 屋面
3. 文化馆(四层)
4. 藏品入口
5. 工作后院 藏品装卸广场
6. 文化广场
7. 纪念馆主入口
8. 纪念馆次入口
9. 纪念馆(三层)
10. 屋面挑檐
11. 会馆次入口
12. 员工出入口
13. 地下停车场出入口及后勤入口
14. 水面
15. 梯田景观
16. 小径
17. 用地红线
18. 会馆餐饮办公入口
19. 商务会馆(三层)
20. 会馆娱乐入口
21. 地面停车场出口
22. 地面停车场入口

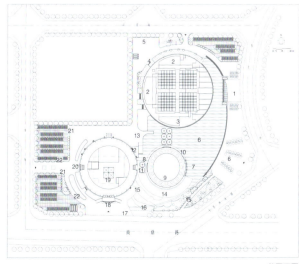

总平面图

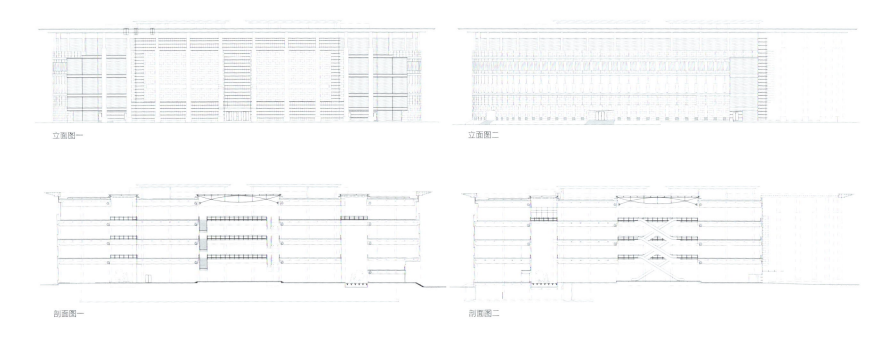

立面图一　　　　　　　　　　　　　　　　　立面图二

剖面图一　　　　　　　　　　　　　　　　　剖面图二

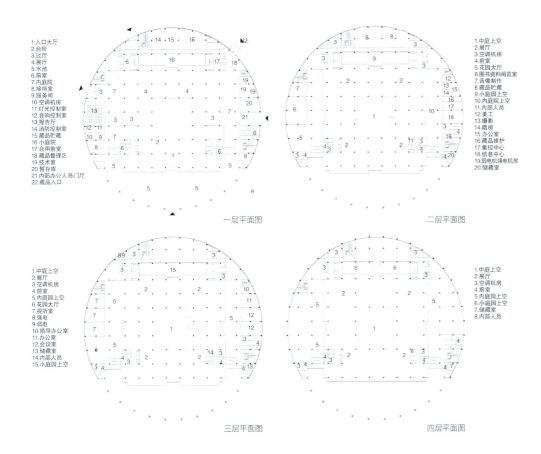

郑州市图书馆新馆
（郑州市市民文化中心）
New Library of Zhengzhou

建设单位：郑州市图书馆
地　　址：客文一街与兴荣街交汇处
设计单位：北京市建筑设计院
　　　　　机械工业第六设计研究院
设计人员：查世旭　陈曦
用地面积：50922.2m²
建筑面积：99256m²
建设规模：地下2层，地上6层
主要用途：文化
设计时间：2008年1月

郑州市图书馆新馆作为郑州城市建设中的一项重要公共文化基础设施，以综合性、现代化的新图书馆为核心，涵盖学术交流、文化活动、文化产品销售、音像视听、休闲娱乐等多种文化内容。从人文关怀的角度出发，凸现市民的参与和体验特色，将图书馆新馆打造成集文化咨询、文化展示、文化旅游以及配套服务等于一体的郑州的文化公园和城市客厅。建设内容主要包括建设综合性、现代化的图书馆，并配套建设学术交流中心、文化培训中心、文化产品销售中心、文化休闲中心及配套服务设施等。本项目建成后，将更好地保存历史文化遗产，发挥图书馆文化典藏功能，满足人民群众实现信息资源的共享和快速传递日益增长的知识需求，为广大读者创造更好的学习、研究场所。

郑州市图书馆新馆作为中原大地上的大型一级图书馆，建筑形象设计主旨切合"孕育、裂变、腾飞"的概念创意，以圆弧包含椭圆主体的形态，平面形式上暗含孕育的含义。圆弧与椭圆形整体之间的分离，构成了动静两个区域（图书馆、学术交流和文化商业配套两大部分）。椭圆形整体中间分离，又形成了图书馆、学术交流和文化活动两个实体部分。这两次实体的分离，一方面符合功能设置的需要，另一方面在建筑形象和空间形态体现出裂变空间感受。整个建筑椭圆形主体斜向上方升起的形态，以及采光桶突出屋面斜向上方的趋势，在裂变的空间中体现出非常具有气势和力量腾飞的空间感受和建筑形态。建筑主体南面面向城市文化广场，正对规划布局的中轴线，形成优美的天际线，同时作为天际线的焦点成为城市文化广场的灵魂。建筑主体的北面主体直接落地，裂变的中庭作为建筑入口。主体建筑北侧三层的环形建筑从地面升起，造型舒展优美，呈现出面向主体建筑的开放姿态，越过弧形造型，椭圆形的主体裂变后的实体和中庭，更加的衬托出建筑恢宏的气势。建筑物的外立面采用石材与玻璃组合式幕墙，相对造价较低而且节能，同时更能体现出建筑的现代感。立面各处入口外大面积的实墙面，用具有厚重和粗糙感的石材，作为附加中原文化符号的载体进行雕刻，更加强建筑的文化感。

另外，郑州市图书馆新馆在总平面布局中充分考虑了东南侧的下沉式城市文化广场与郑州市图书馆新馆的结合。城市文化广场位于图书馆新馆东南侧，与图书馆新馆遥相呼应，互为对景，由于文化性质相似，可以达到互动共融，充分发挥其地理景观优势，既服务于整个城市，又与图书馆联系紧密，下沉广场、下沉庭院穿过客文一街，人们可直接由图书馆步入城市文化广场。图书馆新馆在创造一个文化活动中心的同时，提供一个市民日常休闲的活动场所，激活城市生命与活力，提高地区的价值，成为市民活动的舞台。

本次规划在主体建筑周边设计线形绿化，而在西北侧的人行入口广场和建筑周边分置点式绿化。地段东南的城市文化广场依托城市自然及人文环境，充分利用现状，以植物造景为主，提高绿化率。在丰富图书馆新馆景观设计和总体景观的同时，为市民提供良好的生活休闲环境。景观力求做到造型新颖，体现文化氛围。规划以绿化图案为主题，衬以几何式的广场、雕塑及小品等，突出文化氛围，营造舒适的视觉空间。广场绿化以草坪、灌木为主，并点缀以高大乔木的各种绿地，形成层次丰富的绿化景观。另外，在建筑总体规划时，还充分考虑了水景的运用，城市文化广场两侧静态水景倒映出周边建筑群的形象，建筑、水体和人取得了形式上的高度统一，达到了"天人合一"的境界。

总平面图

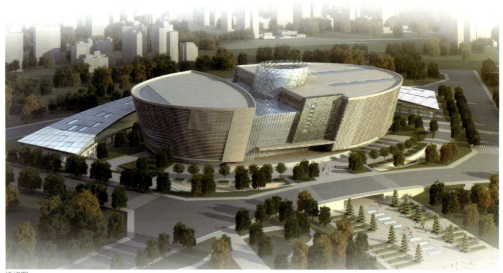

透视图

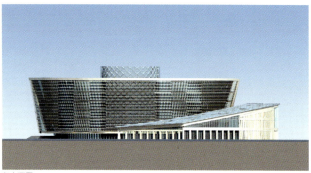
东立面图

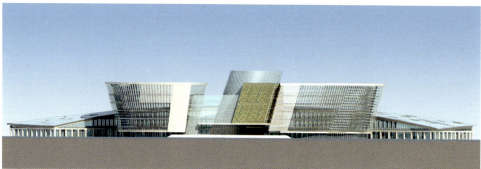
南立面图

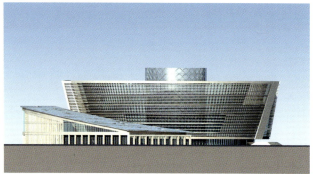
西立面图

北立面图

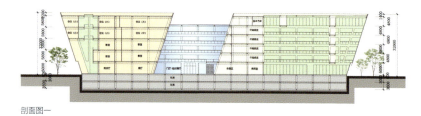

剖面图一

剖面图二

剖面图三

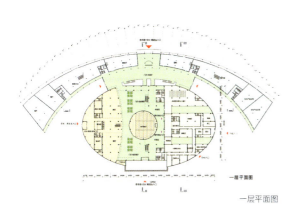
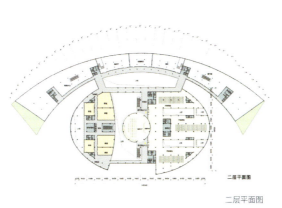
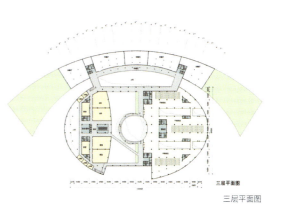

一层平面图　　　　　　　　　　　二层平面图　　　　　　　　　　　三层平面图

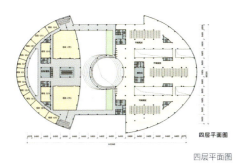
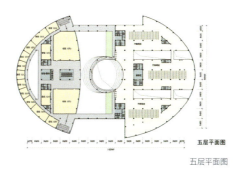
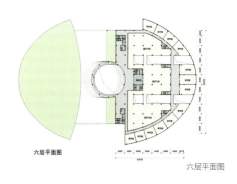

四层平面图　　　　　　　　　　　五层平面图　　　　　　　　　　　六层平面图

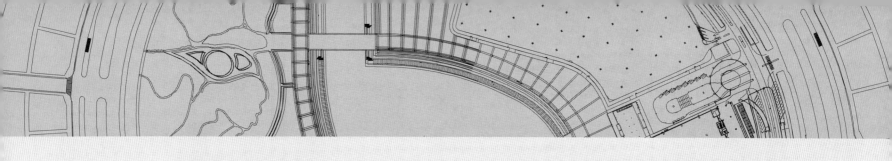

6 居住建筑
Residential Buildings

龙湖花园
Longhu Garden

联盟新城
Metro League

中凯·铂宫
Platinum Palace in Kenema

德国印象
Germany Impression

温哥华广场
Vancouver Plaza

中义·阿卡迪亚
Zhongyi Arcadia

顺驰中央特区
Shunchi Central Region

大地·东方名都
Dadi · Famous Oriental Capital

兴东·龙腾盛世
Xingdong · Time of Prosperity

立体世界
Tridimensional World

国龙水岸花园
Guolong Shui'an Garden

盛世年华
Prime Age of Prosperity

建业资园小区
Jianyeziyuan Residential Quarter

中信嘉苑
CITIC Jiayuan

民航花园
Civil Aviation Garden

绿城百合公寓
Greentown Lily Apartment

顺驰第一大街
Shunchi First Street

运河上·郡
County along the Canal

龙岗新城
Longgang Metro

龙湖花园
Longhu Garden

建设单位：河南顺驰金顺房地产开发有限公司
地　　址：龙湖外环路西、东风东路南
设计单位：河南徐辉建筑工程设计事务所
监理单位：河南建达工程建设监理公司
施工单位：江苏广厦建筑集团有限公司
　　　　　河南省第一建筑有限公司
用地面积：87072m²
建筑面积：133960m²
主要用途：住宅
设计时间：2006年5月
竣工时间：2007年4月

基地东南角属祭伯城遗址建设控制带，按规定，在控制带中坡屋顶高度不超过16m，立面造型使用现代手法延续历史文脉，注重对史迹、人文的保护，使区域展现历史的脉络，延续总体规划肌理。

规划设计充分考虑地块优势资源的挖掘，寻求突破与创新，以连续自然景观，寻求城市空间、建筑的有机融合。居住区景观以和谐共生为设计原则，以"空间·景观·环境"为主题，在总体规划、建筑形象、景观规划等方面予以充分的挖掘与演绎。利用基地"扇环形"特点，建筑物顺应地形与南北向布局有机结合，既照顾城市道路街景效果，同时也提供大量适应北方地区朝向的住宅，并形成数个围合景观空间，避免"矩形"、呆板景观空间的出现，从形式上与景观空间的"浪漫、自由、舒展"气质相吻合。

立面设计简洁、大气、明快，强调平面功能，真正体现现代主义功能至上的基本原则。立面材质亦进行了细致设计，结合坡屋顶及细部处理、墙面处理及材质的组合，使立面形成外部空间景观环境的有机元素。立面局部构架、空透的阳台栏杆、凸窗、遮阳板及空调机位置设计等细节，使整体简洁而富有细节。色彩以明快、典雅为原则，外墙以浅暖灰色为主调，通过局部构架、侧墙、阳台栏杆、及局部三色劈开砖的使用，不仅带来变化亦为整体注入活力。

总平面图

1.步行出入口
2.商业
3.自行车棚
4.地下车库出入口
5.主出入口
6.公共绿地
7.公园
8.垃圾收集点
9.会所
10.新增部分

四层住宅南立面图

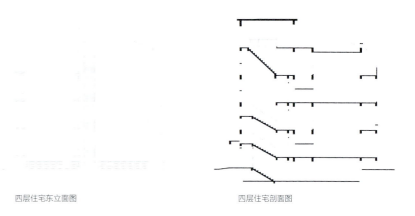

四层住宅东立面图   四层住宅剖面图

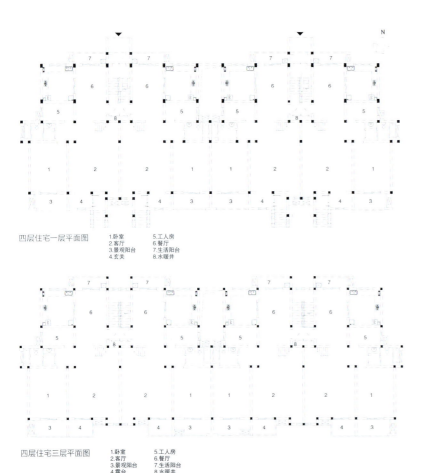

四层住宅一层平面图　1.卧室　5.工人房
　　　　　　　　　　2.客厅　6.餐厅
　　　　　　　　　　3.景观阳台　7.生活阳台
　　　　　　　　　　4.玄关　8.水暖井

四层住宅三层平面图　1.卧室　5.工人房
　　　　　　　　　　2.客厅　6.餐厅
　　　　　　　　　　3.景观阳台　7.生活阳台
　　　　　　　　　　4.露台　8.水暖井

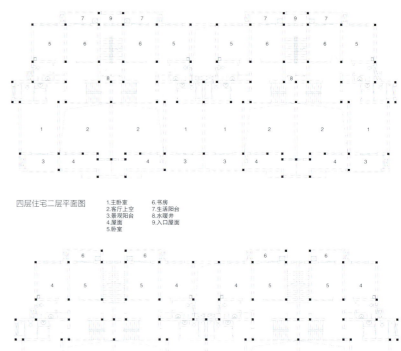

四层住宅二层平面图　1.主卧室　6.书房
　　　　　　　　　　2.客厅上空　7.生活阳台
　　　　　　　　　　3.景观阳台　8.水暖井
　　　　　　　　　　4.屋面　9.入口屋面
　　　　　　　　　　5.卧室

四层住宅四层平面图　1.主卧室　4.卧室
　　　　　　　　　　2.客厅上空　5.书房
　　　　　　　　　　3.露台　6.生活阳台

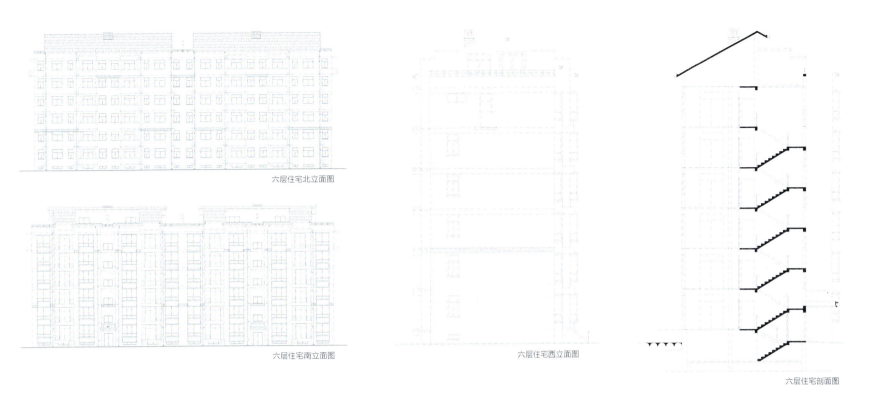

六层住宅北立面图

六层住宅南立面图

六层住宅西立面图

六层住宅剖面图

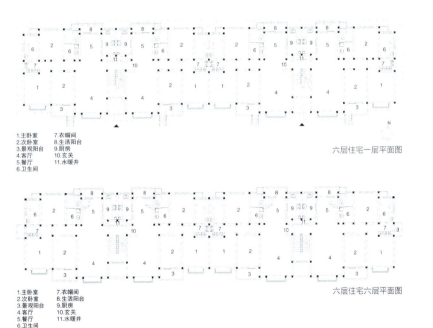

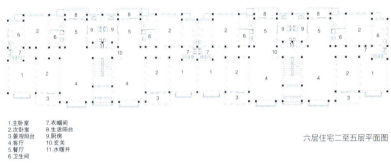

1.主卧室　7.衣帽间
2.次卧室　8.生活阳台
3.景观阳台　9.厨房
4.客厅　10.玄关
5.餐厅　11.水暖井
6.卫生间

六层住宅一层平面图

1.主卧室　7.衣帽间
2.次卧室　8.生活阳台
3.景观阳台　9.厨房
4.客厅　10.玄关
5.餐厅　11.水暖井
6.卫生间

六层住宅二至五层平面图

1.主卧室　7.衣帽间
2.次卧室　8.生活阳台
3.景观阳台　9.厨房
4.客厅　10.玄关
5.餐厅　11.水暖井
6.卫生间

六层住宅六层平面图

联盟新城
Metro League

建设单位：郑州联盟新城置业有限公司
地　　址：众意路东、东风东路南
设计单位：总体规划：黑川纪章建筑·都市设计事务所
　　　　　四期规划：北京东方华太建筑设计工程有限公司
　　　　　施工图设计：机械工业第六设计研究院
　　　　　郑州市建筑设计院
设计人员：项目负责人：龙文新、刘倩
　　　　　白玲、刘倩、金虎、尚秀山、李延峰、周现民
监理单位：上海建科建设监理咨询有限公司
　　　　　郑州广源建设监理咨询有限公司
施工单位：中国建筑工程第一工程局（一期）
　　　　　江苏省第一建筑安装有限公司（二期）
　　　　　河南华盛建筑工程有限公司
　　　　　江苏江都建设工程有限公司（三期）
用地面积：210040m²
建筑面积：276851.12m²
主要用途：住宅
设计时间：2004年8月～2004年9月（一期）
竣工时间：2006年5月（一期），2006年12月（二期），
　　　　　2007年4月（三期）

该项目位于郑东新区CBD北侧的龙湖地区居住中心区，东依南北运河，西临众意路，北接东风东路与东风渠相邻，南临农业东路。宗地地势平坦，用地面积315.06亩（约21hm²），共7组住宅地块。规划分四期设计建设。

黑川先生的总体规划布局采用中国传统的九宫格式布局，沿袭传统四合院的围合空间规划，创新现代住宅的生活环境。突破平行建筑的单调感，同时保持整排建筑的整体感。交通流线实现完全的人车分离，所有机动车均布置在地下车库。住宅为3至5（层）带电梯的高级住宅。建筑为简约现代风格，是郑东新区独树一帜的高档住宅小区。

整个小区建筑南北向联排布置，会所设于小区的西北端，多层住宅位于用地北端。小区布局吸收了中原地区民间传统居住形态的精髓，用人性化尺度的巷道把各种不同大小的院子组织在一起，创造出一系列的生活空间，彰显中国传统居住文化和精神。

绿地系统包括公共绿地、宅旁绿地、道路绿地及公建配套绿地四类。小区以独门独院的低层住宅为主，充分体现了中式建筑的内向型建筑风格，为满足现代人的生活需求，给人们营造一种亲切自然的氛围，在小区中央设置公共绿地，并将绿地与广场结合设计。结合郑州市半温润半干旱的气候特点，局部设计水体以形成降温、增湿的微气候环境。选择适宜的树种，适宜的地面材料，使得建筑与环境融为一体，满足现代人群的审美情趣。

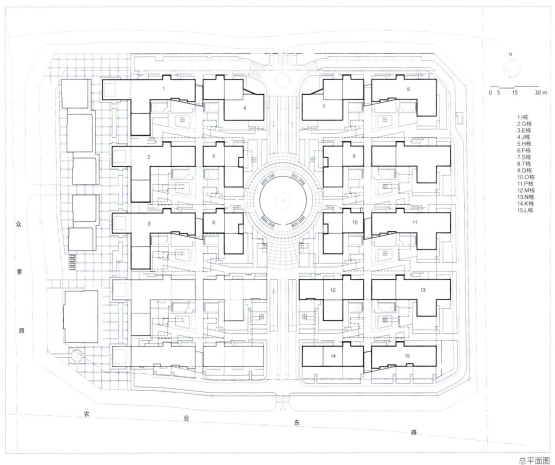

总平面图

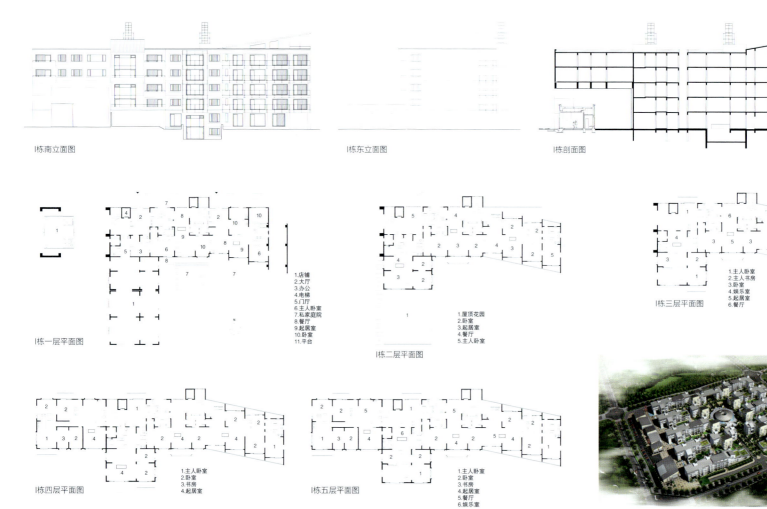

I栋南立面图　　　　　　　　　　I栋东立面图　　　　　　　　　　I栋剖面图

1.店铺
2.大厅
3.办公
4.电梯
5.门厅
6.主人卧室
7.私家庭院
8.餐厅
9.起居室
10.卧室
11.平台

1.屋顶花园
2.卧室
3.起居室
4.餐厅
5.主人卧室

1.主人卧室
2.主人书房
3.卧室
4.娱乐室
5.起居室
6.餐厅

I栋一层平面图　　　　I栋二层平面图　　　　I栋三层平面图

1.主人卧室
2.卧室
3.书房
4.起居室

1.主人卧室
2.卧室
3.起居室
4.餐厅
5.娱乐室
6.

I栋四层平面图　　　　I栋五层平面图

一期鸟瞰图

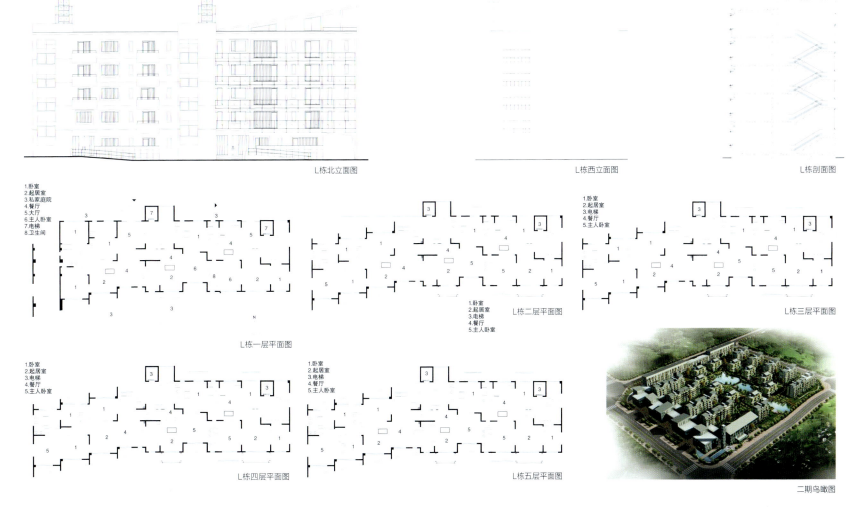

L栋北立面图　　L栋西立面图　　L栋剖面图

L栋一层平面图　　L栋二层平面图　　L栋三层平面图

L栋四层平面图　　L栋五层平面图　　二期鸟瞰图

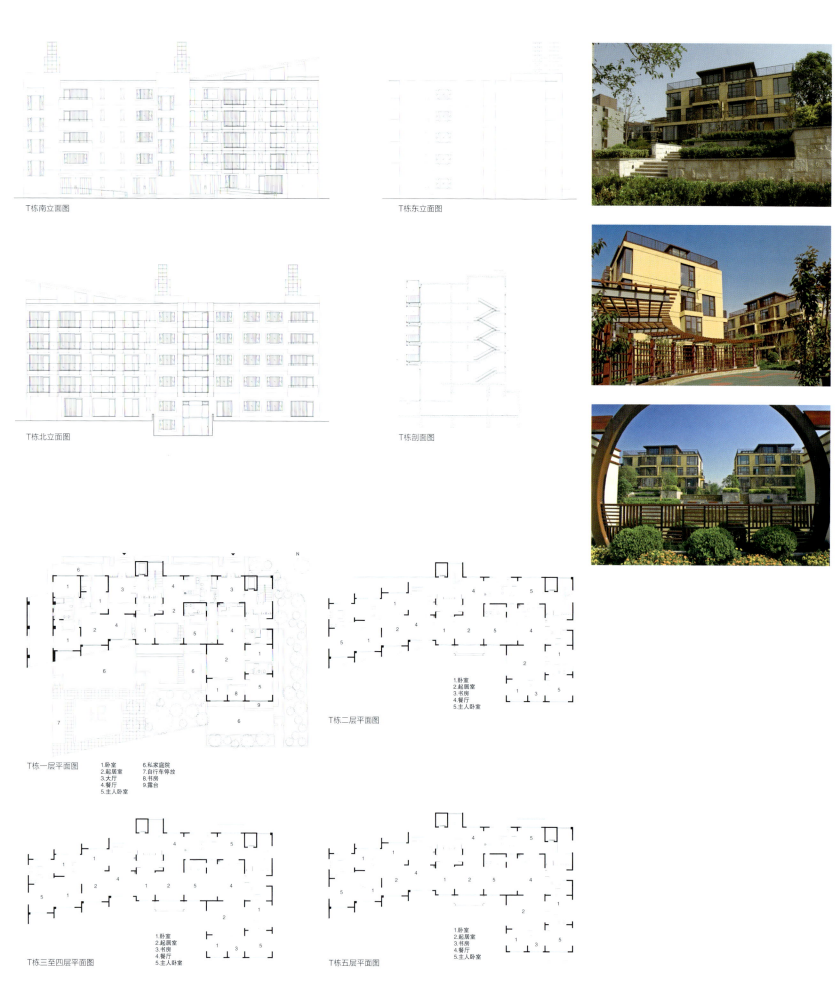

中凯·铂宫
Platinum Palace in Kenema

建设单位：上海中凯企业集团郑州中凯东兴房地产开发有限公司
地　　址：龙湖外环南路北、天泽街东
设计单位：总体规划：美国 Preking Will 规划设计事务所
　　　　　合作设计：河南纺织设计院
监理单位：上海科衡工程建设监理有限公司
施工单位：河南省建设总公司　浙江华夏建设集团有限公司
用地面积：49903m²
建筑面积：56575m²
主要用途：住宅
设计时间：2006年4月
竣工时间：2007年2月

该项目为中原首席涉外顶级居住社区，其专门针对在豫世界500强和在郑中国100强企业的高层管理者以及外籍人士包括港、澳、台等涉外高端阶层人士开发的高档居住社区。

项目位于郑东新区东西运河中段北岸，南面临60米宽的绿化公园和百米宽的东西运河，与CBD隔河相望。其由68栋别墅、154套低层电梯情景洋房、一栋商业楼、多功能地下会所等组成。

小区倾力打造具有国际标准的高级别居所，0.89的容积率、42%的绿化率和精致的景观设计保证了小区高品质的社区环境；小区利用两个围合形成四个组团，每个组团各成体系，又各具特色，各组团之间通过景观相互联系，有疏有密，有近有远，既能满足居民独立的生活空间需求，也能保证居民相互交流、和谐相处的心理要求，充分体现了以人为本的理念。

中凯·铂宫户户临水，窗窗见景，成就领袖城市的上层建筑气质，精彩演绎现代人居诉求，以臻于完美的设计同步国际高尚社区标准。无论地段价值还是建筑价值，都让极少数人成就城市之巅，真正成为中部国际顶级居住标杆。

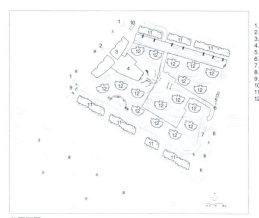

总平面图

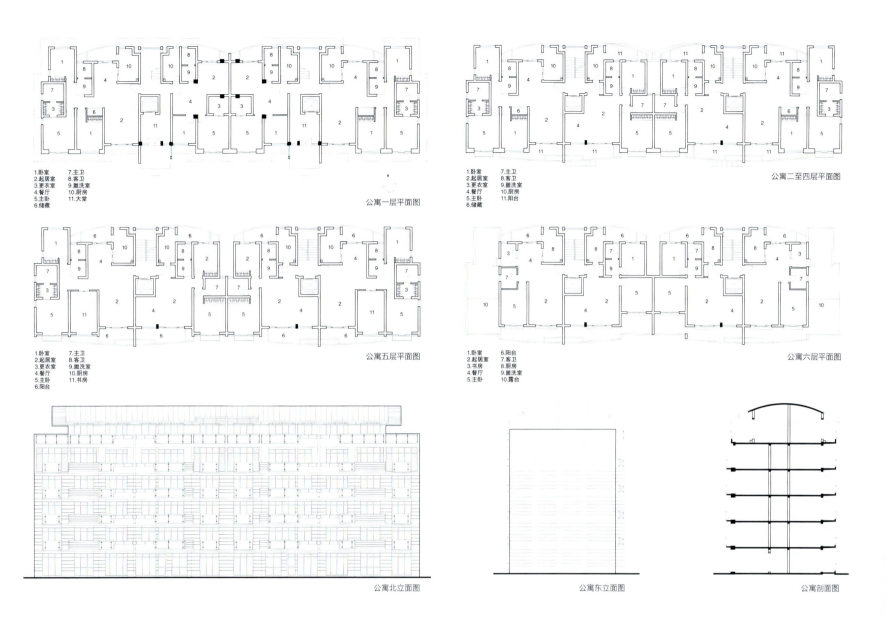

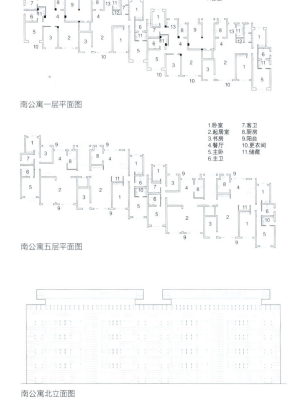

1.卧室　8.厨房
2.起居室　9.门厅
3.书房　10.室外平台
4.餐厅　11.更衣间
5.主卧　12.储藏
6.主卫　13.玄关
7.客卫

南公寓一层平面图

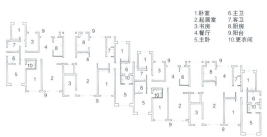

1.卧室　6.主卫
2.起居室　7.客卫
3.书房　8.厨房
4.餐厅　9.阳台
5.主卧　10.更衣间

南公寓二至四层平面图

1.卧室　7.客卫
2.起居室　8.厨房
3.书房　9.阳台
4.餐厅　10.更衣间
5.主卧　11.储藏
6.主卫

南公寓五层平面图

1.卧室
2.客卫
3.露台
4.餐厅
5.阳光工作室

南公寓六层平面图

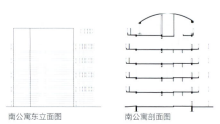

南公寓北立面图　　南公寓东立面图　　南公寓剖面图

1.起居室
2.餐厅
3.老人房
4.卫生间
5.厨房
6.储藏室

双拼复式一层平面图

1.主卧室
2.卧室
3.书房
4.卫生间
5.阳台
6.淋浴房

双拼复式二层平面图

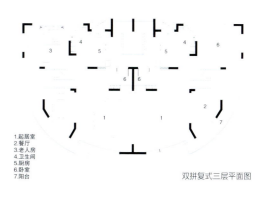

1.起居室
2.餐厅
3.老人房
4.卫生间
5.厨房
6.卧室
7.阳台

双拼复式三层平面图

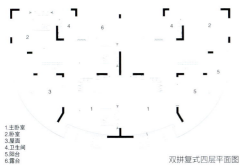

1.主卧室
2.卧室
3.屋面
4.卫生间
5.阳台
6.露台

双拼复式四层平面图

1.花池

双拼复式顶层平面图

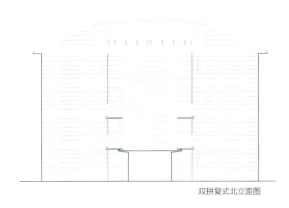

双拼复式北立面图

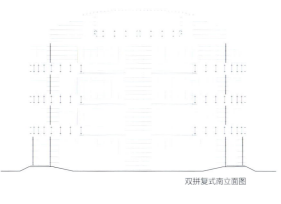

双拼复式南立面图

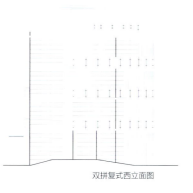

双拼复式西立面图

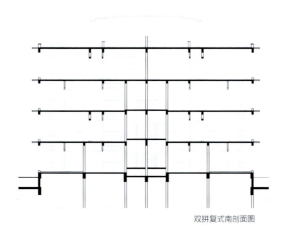

双拼复式南剖面图

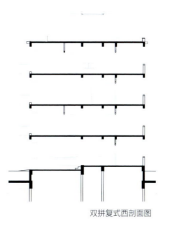

双拼复式西剖面图

德国印象
Germany Impression

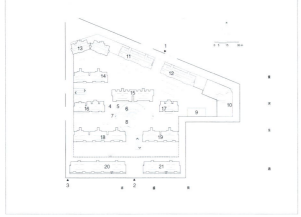

总平面图

1. 小区人行入口
2. 小区主入口
3. 小区消防入口
4. 居委会
5. 物业用房
6. 主景观广场
7. 人出入口
8. 中间单元底层设物业用房
9. 托儿所
10. 公寓
11. 高层A+A
12. 高层A+A
13. 高层C+C
14. 多层C+D
15. 多层E+E
16. 多层A+B
17. 多层B
18. 多层C+D+D+D
19. 多层D+D
20. 多层B+B+B
21. 多层B+B

建设单位：郑州聚龙置业有限公司
地　　址：金水东路北、黄河东路西
设计单位：英国UK.LA太平洋远景规划与发展有限公司
　　　　　核工业第五研究设计院
设计人员：杨红基　尚自强　宋振飞
监理单位：河南建达工程建设监理公司
施工单位：浙江展诚建设集团股份有限公司
用地面积：28362.5m²
建筑面积：93440.4m²
主要用途：住宅
设计时间：2006年6月

基地基本呈六边形，属于不规则地块，北面有一块面积较大的市政绿化带，地势平坦、开阔，景观资源良好。基础设施完善，交通便利，与老城区结合紧密，生活闹中取静，地理位置得天独厚。

该项目旨在构建一个现代化社区，塑造优美现代、健康生态、宜人方便的极具滨水特色的社区环境。北侧的高层住宅楼环抱布置形成超大的核心景观区，南侧为多层住宅，整体空间布局由南向北梯度依次增高，空间层次丰富。整体建筑布局以组团围合为主导，外围的商业办公组团与内部的居住组团相互呼应。建筑造型简洁大方，黛青色与灰白色调处理使建筑既干净又有品位，细部线条对比使建筑生动活泼，装饰构架的细部处理又增加了建筑的亲切感。

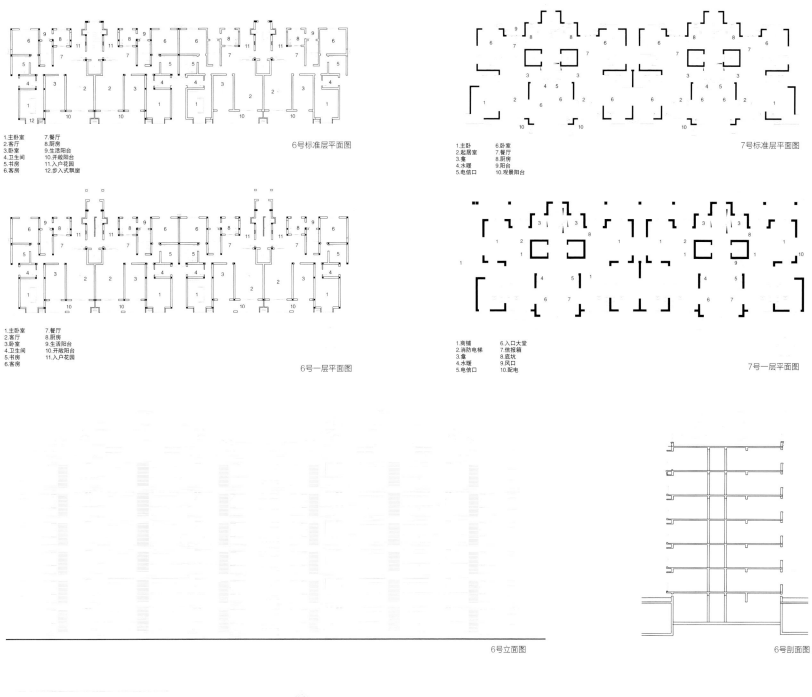

1.主卧室 7.餐厅	
2.客厅 8.厨房	
3.卧室 9.生活阳台	
4.卫生间 10.开敞阳台	
5.书房 11.入户花园	
6.客房 12.步入式飘窗	6号标准层平面图

1.主卧 6.卧室	
2.起居室 7.餐厅	
3.仓 8.厨房	
4.水暖 9.阳台	
5.电信口 10.观景阳台	7号标准层平面图

1.主卧室 7.餐厅	
2.客厅 8.厨房	
3.卧室 9.生活阳台	
4.卫生间 10.开敞阳台	
5.书房 11.入户花园	
6.客房	6号一层平面图

1.商铺 6.入口大堂	
2.消防电梯 7.信报箱	
3.仓 8.底坑	
4.水暖 9.风口	
5.电信口 10.配电	7号一层平面图

6号立面图　　　　　　6号剖面图

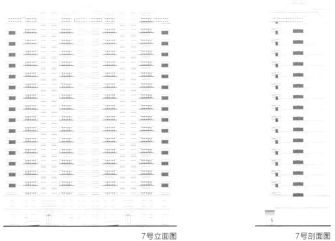

7号立面图　　　　　　7号剖面图

温哥华广场
Vancouver Plaza

建设单位：枫华（郑州）置业有限公司
地　　址：龙湖外环南路北、众意路西
设计单位：深圳市筑博工程设计有限公司
　　　　　机械工业第六设计研究院
监理单位：河南海华工程建设监理公司
施工单位：中国建筑第五工程局　中天建设集团有限公司
用地面积：121836.7m²
建筑面积：138808m²
主要用途：住宅、商业
设计时间：2007年4月

该项目位于郑东新区CBD副中心龙湖南区，城市60m宽绿化带及金水河畔，项目地理位置优越、交通方便，拥有良好的自然景观资源及商业资源。其中住宅建设用地73333.4m²，商业建设用地48503.3m²。

本案以北美温哥华风情为主题展开设计，以"均好性、独特性、时代性"为设计理念，旨在建立国际化、生态化、人性化的北美风格商住社区，营造别有情致的生活空间。是集高尚商业与居住于一体的综合型高尚生活社区，适宜两代居或三代居的居住类型。

本案容积率1.6，建筑覆盖率29.5%，绿地率35.2%，建筑限高24m，停车比率1:1。由双拼住宅、多层住宅、花园洋房、沿街商业等组成，其中沿街住宅一、二层为商铺。总建筑面积为138808.04m²，其中地上建筑面积105626.72m²，包括住宅、商业、配套设施等；地下建筑面积33181.32m²，包括地下车库、地下室、商业建筑及配套设施等。

整个社区色调以浅米黄色配以深红色为主，屋顶选用深灰色强调天际线并加强稳重感，局部点缀跳跃的木色和典雅的黑色线条。

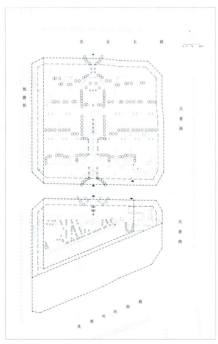

总平面图

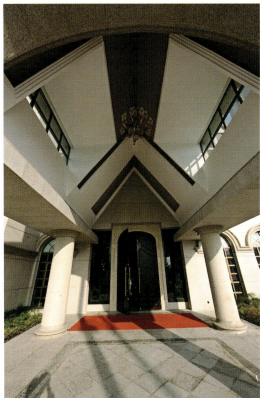
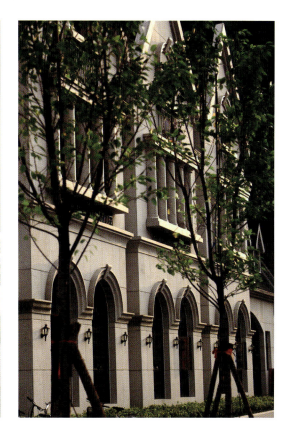

商业3号楼二层平面图

商业3号楼东立面图

商业3号楼剖面图

E-a、E-b户型标准层平面图

E-b、E-c户型标准层平面图

c户型一层平面图

中义·阿卡迪亚
Zhongyi Arcadia

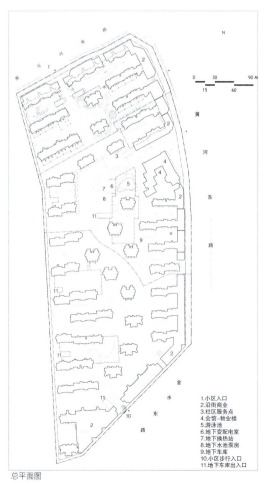

总平面图

1. 小区入口
2. 沿街商业
3. 社区服务点
4. 会馆-物业楼
5. 游泳池
6. 地下变配电室
7. 地下换热站
8. 地下水池泵房
9. 地下车库
10. 小区步行入口
11. 地下车库出入口

建设单位：浙江中义集团郑州中义置业有限公司
地　　址：金水东路北、黄河东路西
设计单位：浙江工业大学建筑设计研究院
　　　　　机械工业第六设计研究院
设计人员：张海燕、赵燕、张金生、张志远、朱宏勋、
　　　　　宋永刚、薛琳、董文杰、任亚静
监理单位：浙江文华工程建设监理有限公司
施工单位：杭州第五建筑工程有限公司
　　　　　广厦建设集团有限责任公司
　　　　　浙江通达建设集团有限公司
用地面积：119628.666m^2
建筑面积：236442m^2
主要用途：住宅
设计时间：2004 年 5 月~2005 年 9 月
竣工时间：2005 年 8 月（一期），2006 年 4 月（二期），
　　　　　2007 年 1 月（三期）

本案主要空间组织通过"S"形干道形成主脉络，将景观从中心区带状向南北延伸，自然渗透贯穿于东西两侧院落空间，并与东、北、南向的入口空间有机地连成一体。基地东北入口为小区主要人车出入口及入口空间主导形象的景观入口，两侧建筑低、多层相间，结合小区主会所大面积退让形成水景绿地广场。其作为小区东北向景观节点，空间开阔，充分体现了"以人为本"的设计原则。其主入口从水晶广场的景观柱至会馆水景街"石"拱门，到中心广场及长廊，这一建筑空间形象，造型新颖，细部精美，空间收放节奏有序，或宜人或恢弘，既有中原之大气，又兼江南之细腻，形态和结构兼有"中""西"相融之意。

建筑单体设计着重以丰富的四坡组合顶加上三段式建筑形体为主要建筑符号。通过檐口、腰线、基座作为分段过渡细节，八字窗、阳台柱、楼梯间、竖井、卫生间、坡顶装饰塔等作为细部造型元素和形体穿插要素，并对顶部到基座的沥青瓦、面砖、外墙涂料、花岗石等各种材质进行有序组织穿插，形成统一而有变化、整体又不乏细节，或水平舒展或挺拔向上，对比统一的动态造型。设计上追求稳重、整体统一的外观风格，符合中原地域文化对建筑外观的影响，同时以精美细腻的元素和组织手法，延续规划设计中"南""北"文化融合的理念。户型设计上，内部动静分离，流线清晰，充分考虑了户型的舒适性、功能性、合理性、私密性、美观性和经济性。

a-1立面图

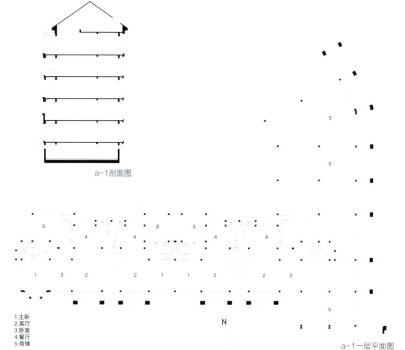

a-1剖面图

1.主卧
2.客厅
3.卧室
4.餐厅

a-1标准层平面图

1.主卧
2.客厅
3.卧室
4.餐厅
5.商铺

a-1一层平面图

1.主卧
2.客厅
3.卧室
4.卫生间
5.书房
6.餐厅
7.阳台
8.衣柜

d-1标准层平面图

1.商铺
2.汽车库
3.自行车库

d-1一层平面图

d-1立面图

d-1剖面图

顺驰中央特区
Shunchi Central Region

建设单位：郑州客属房地产有限公司
地　　址：七里河南路东、商鼎路南
设计单位：一、二期规划设计：深圳市华汇设计有限公司
　　　　　施工图设计：核工业第五设计院、机械工业第六设计研究院
　　　　　三期规划设计：香港兴业设计公司
　　　　　施工图设计：机械工业第六设计研究院；
　　　　　四期规划设计：梁黄顾建筑师（香港）事务所有限公司；
　　　　　施工图设计：郑州市建筑设计研究院
设计人员：方案主设计师：关梓宏、梁鹏程
　　　　　核工业第五设计研究院设计负责人：杨红基
　　　　　建筑：杨红基　结构：王景常　水：郭磊
　　　　　电：王德军　暖：史宏伟
　　　　　机械工业第六设计研究院设计负责人：李文东
　　　　　建筑：张海燕　结构：陆珺　水：卫海凤
　　　　　电：董文杰　暖：薛琳
监理单位：河南建达工程建设监理公司
　　　　　郑州广源建设监理咨询有限公司
施工单位：河南省第一建筑工程有限责任公司
　　　　　中铁五局集团建筑工程有限责任公司
用地面积：281143m²
建筑面积：597613.94m²
建设规模：11~18层
主要用途：住宅、商业
设计时间：2005年5月（一期），2006年8月（二期）
竣工时间：2006年10月（一期），2007年12月（二期）

本案位于郑东新区商住物流区，宗地由八块大小不等的地块组成。项目规划分四期建设，不仅有住宅建筑，还容纳商务快捷酒店、百货餐饮等商业建筑，规划建设成为倡导新都市主义理念的大型综合社区。

该项目总体规划设计一条中央景观大道贯穿于各个住宅地块之内，其不仅是一个交通系统，通过它还可形成主要的线性景观系统，增强不同地块住宅区的整体感，无论是在平面上还是在三维上，流畅的空间、相似的街景重复出现都暗示着这是一个完整的社区。

由于整个社区地块面积较大，为缩小各公共建筑的服务半径，规划中重点考虑泛会所的意义，即不做传统意义中集中设置各种服务功能的会所，而是将各种功能性建筑分开设置在不同的位置。将游泳馆、书吧、半场篮球、网球场和社区服务社融入轻松宜人的景观中，沿中央景观大道依次展开，将运动、休闲和服务功能空间有序地组织在一起，文化教育、体育场馆、公共卫生和商业服务都一应俱全。

小区建筑密度较大，但建筑密度的变化带来的是更积极的街道生活。建筑布局仍然延续"新都市主义"的设计理念，注重人在城市或社区环境中的体验和感受，传统围合式的邻里空间创造出良好的社区氛围和社区归属感。建筑风格定位为现代典雅风格，其中的空中花园、内庭园提供休闲空间，并以天窗引入自然光，具有能历经时间考验的前瞻性和先进性。

总平面图

1.卧室
2.餐厅
3.次主卧室
4.阳光书房
5.客厅

4-7号楼标准层平面图

1.商铺
2.主卧室
3.工作室
4.大堂
5.工作

4-7号楼一层平面图

4-7号楼立面图

4-7号楼剖面图

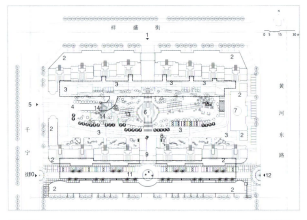

总平面图

1. 住宅人行入口
2. 商业
3. 消防扑救场地
4. 地下车库出入口
5. 住宅车行入口
6. 景墙水幕
7. 天文观测平台
8. 自行车库出入口
9. 消防通道
10. 商业街入口
11. 商业街
12. 商业街主入口
13. 夕阳红
14. 儿童活动场地
15. 涉水园

大地·东方名都
Dadi·Famous Oriental Capital

建设单位：河南大地房地产有限公司
地　　址：黄河东路西、祥盛街南
设计单位：林同炎李国豪土建工程咨询有限公司
　　　　　河南省城乡规划设计研究院
监理单位：洛阳金诚建设监理有限公司
施工单位：河南华宸工程建设有限公司
用地面积：38723m²
建筑面积：94244m²
主要用途：住宅
设计时间：2006年2月
竣工时间：2007年10月

该项目整体设计上坚持"以人为本"的设计理念，尊重生活，体现生活品位，力求塑造一个环境优美、和谐、温馨、平实、居家过日子的"都市家园"，及个性鲜明、新颖求实的高起点、高标准、高品位的商住小区。其规划用地面积38723m²，总建筑面积94244m²，规划有住宅、会所及商业街等。

小区整体均采用大的围合式布局，基地四周布置住宅、商业等建筑，在景观绿核又强化和突出了老人、儿童的活动内容。在小区南侧布置一条贯穿东西的主题情景商业步行内街，通过休闲购物的商业环境烘托出小区的活力，形成有活力、聚人气的休闲式情景商业环境，提升小区及周边地区的环境品质。

建筑单体设计以优雅、精致为风格取向，单体处理近似三段式格局，底部二层结合入口门廊处理成基座，顶部两层在阳台及开窗上结合屋顶及有高技派特征的金属构件强调竖向感及精致细腻的光影感，中段部分利用挑板阳台和水平栏杆形成横向的韵律感，加强了视觉上的整体连续性。整体立面以浅黄色外墙涂料为主要饰面材料，表达典雅、温馨的基调。

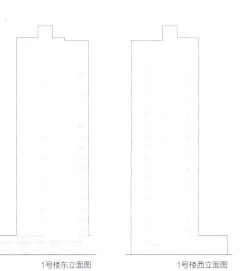

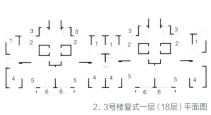

1号楼一层平面图

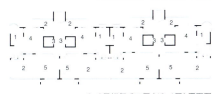

1号楼复式二层（18+1层）平面图

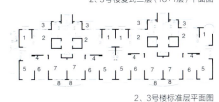

1号楼标准层平面图

1号楼南立面图　　1号楼东立面图　　1号楼西立面图

2、3号楼复式一层（18层）平面图

2、3号楼复式二层（18+1层）平面图

2、3号楼标准层平面图　　2、3号楼立面图　　2、3号楼剖面图

兴东·龙腾盛世
Xingdong · Time of Prosperity

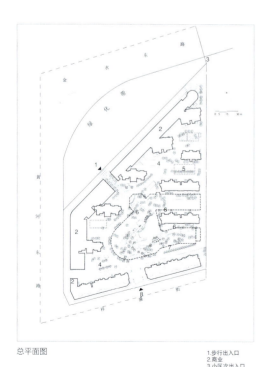

总平面图

1. 步行出入口
2. 商业
3. 小区次出入口
4. 地下车库出入口
5. 地下变配电所
6. 绿化
7. 地下车库入口
8. 小区主入口

建设单位：郑州兴东置业公司
地　　址：黄河东路东、金水东路南
设计单位：机械工业第六设计研究院
监理单位：浙江文华建设项目管理有限公司
施工单位：中扶建设责任有限公司
用地面积：67435m²
建筑面积：86625m²
主要用途：住宅
设计时间：2006年1月

本案规划设计以自然、有机的意向为主，以严谨、抽象几何的营造系统为主骨架，贯彻遵循自然文化的原则，强调绿化景观与居民活动的结合，注重绿化的均好性，将住宅融入在绿化环境中，将边缘界面的营造及绿化水系的设计作为强调的重点。小区占地67435m²，规划建筑面积86625m²，其中住宅建筑面积69726m²，商业建筑面积16899m²。

小区设计方案打破一贯的住宅建筑形象，采用统一封闭的抛物线型阳台，明亮的落地玻璃窗，创造出一种充分尊重环境、尊重人的健康建筑形式。顶部飘板尺寸高度适当，既为复式露台提供灰空间遮挡，又使顶部造型完整和谐。略带弧形的阳台采用玻璃窗封，视线开敞明亮。在色彩上，整组建筑全部采用温和、优雅、稳重的土黄色，显示出强烈的透视感和体积感。外墙外装修沿街部分3层商铺为花岗石外墙，小区内部一至三层外墙为仿石材墙面，三层以上均为劈离砖外墙，构件为银色涂料。

小区景观设计以地脉为基础，以文脉为辅助，以人脉为引导，龙腾盛世本身就是对龙文化的一种传承。10栋高层拔地而起无论在外观还是气势上，都可以看作龙的化身。主要景区以水景为主题，可以配为凤，龙凤呈祥同时也是对入住业主未来美好生活的衷心祝愿。

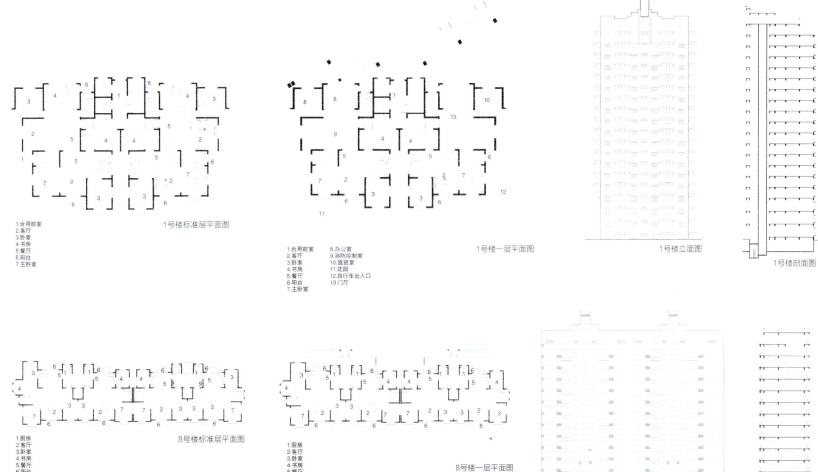

1.合用前室
2.客厅
3.卧室
4.书房
5.餐厅
6.阳台
7.主卧室

1号楼标准层平面图

1.合用前室　8.办公室
2.客厅　　　9.消防控制室
3.卧室　　　10.值班室
4.书房　　　11.花园
5.餐厅　　　12.自行车出入口
6.阳台　　　13.门厅
7.主卧室

1号楼一层平面图

1号楼立面图

1号楼剖面图

1.厨房
2.客厅
3.卧室
4.书房
5.餐厅
6.阳台
7.主卧
8.电
9.水暖

8号楼标准层平面图

1.厨房
2.客厅
3.卧室
4.书房
5.餐厅
6.阳台
7.主卧

8号楼一层平面图

8号楼立面图

8号楼剖面图

立体世界
Tridimensional World

建设单位：郑州新芒果房地产有限公司
地　　址：黄河东路东、商鼎路南
设计单位：河南纺织设计院
监理单位：河南海华工程建设监理公司
施工单位：东方建设集团有限公司
用地面积：52748m²
建筑面积：131219m²
主要用途：住宅
设计时间：2006年2月

小区规划建设有7栋高层住宅及部分商业裙楼，占地总面积52748m²，总建筑面积131219m²。住宅布局在满足郑东新区对建筑高度要求的基础上，采用两单元的塔式住宅和两单元的板式住宅组合的布局方式。塔式住宅尽量靠城市主干道商鼎路和黄河东路设置，形成完整的城市界面。大户型的板式住宅则设置在小区的重要位置，围合形成较为独立的组团空间，充分利用小区中心绿地和七里河的景观资源。高度分布自东南向西北逐步升高，这种开放式的围合布局，塑造了优美的城市天际线，同时形成了小区中心进深达150m，面积近1万m²的中心大花园。

住宅立面在强调平面功能的同时，采取新颖、明快、简洁的处理手法，从而体现出"环境、建筑、人性和谐相融"的国际人居精神。建筑风格努力结合中原地区建筑体量与色彩方面给人的雄浑的阳刚之气，努力将新的社区融入当地文化之中。屋面造型统一全局，屋顶处理尽量避免"陈旧"之感，采用简洁的"曲线"加局部天窗与构架。色彩以明快和典雅为原则，色彩分区采用米黄、灰和深石板灰穿插，外墙以浅黄为色调，通过局部构架、侧墙、阳台栏杆、顶层及底层的色彩变化为整体注入活力。

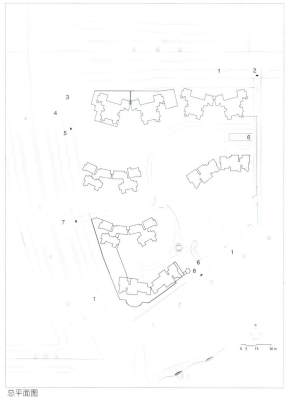

总平面图

1. 公交停靠站
2. 小区次入口
3. 用地红线
4. 建筑控制线
5. 小区人行主入口
6. 地下车库入口
7. 临时消防出入口
8. 小区主入口

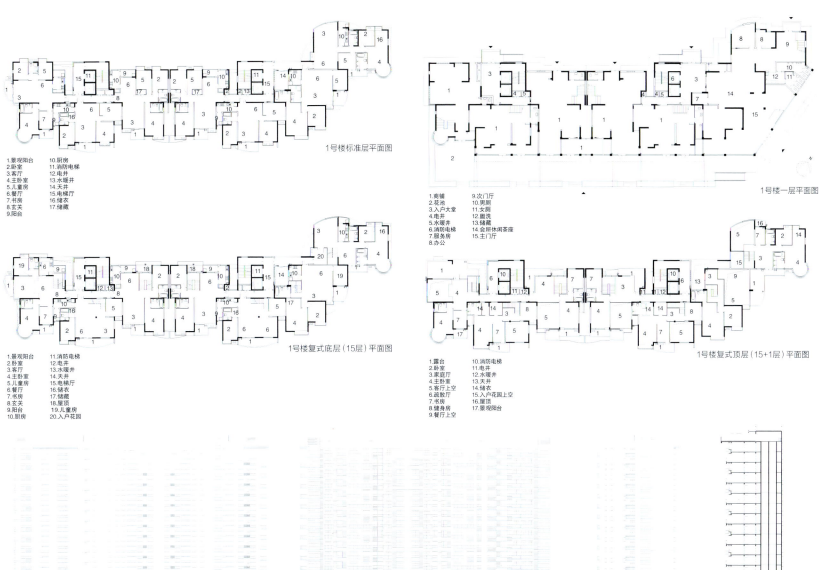

1号楼标准层平面图

1.景观阳台 10.厨房
2.卧室 11.消防电梯
3.客厅 12.电井
4.主卧室 13.水暖井
5.儿童房 14.天井
6.餐厅 15.电梯厅
7.书房 16.储衣
8.玄关 17.储藏
9.阳台

1号楼一层平面图

1.商铺 9.次门厅
2.花池 10.男厕
3.入户大堂 11.女厕
4.电井 12.盥洗
5.水暖井 13.储藏
6.消防电梯 14.会所休闲茶座
7.服务房 15.主门厅
8.办公

1号楼复式底层(15层)平面图

1.景观阳台 11.消防电梯
2.卧室 12.电井
3.客厅 13.水暖井
4.主卧室 14.天井
5.儿童房 15.电梯厅
6.餐厅 16.储衣
7.书房 17.储藏
8.玄关 18.屋顶
9.阳台 19.儿童房
10.厨房 20.入户花园

1号楼复式顶层(15+1层)平面图

1.露台 10.消防电梯
2.卧室 11.电井
3.家庭厅 12.水暖井
4.主卧室 13.天井
5.客厅上空 14.储藏
6.疏散厅 15.入户花园上空
7.书房 16.屋顶
8.健身房 17.景观阳台
9.餐厅上空

1号楼北立面图　　1号楼南立面图　　1号楼东立面图

1号楼剖面图

郑东新区
城市设计与建筑设计篇　245

1.儿童房　8.电
2.卧室　　9.水暖
3.门厅　　10.天井
4.主卧室　11.景观阳台
5.客厅　　12.阳台
6.厨房　　13.电梯厅
7.餐厅

1.商业店铺
2.入户大堂
3.储藏
4.休息室
5.值班

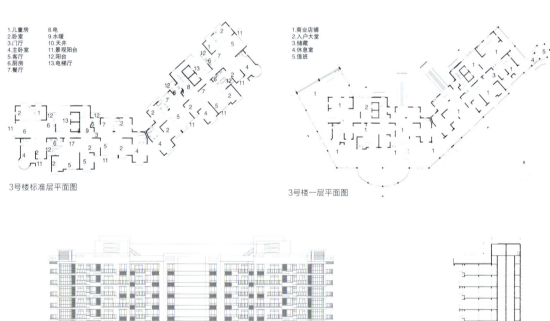

3号楼标准层平面图　　　3号楼一层平面图

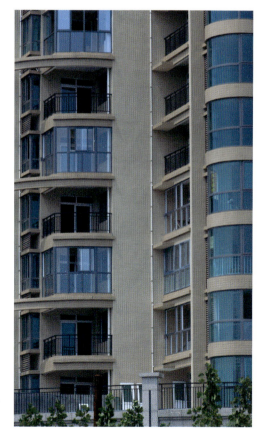

3号楼立面图　　　3号楼剖面图

国龙水岸花园
Guolong Shui'an Garden

建设单位：河南国龙置业有限公司
地　　址：黄河东路东、兴荣街南
设计单位：煤炭工业部郑州设计研究院
监理单位：河南中豫建设监理有限公司
施工单位：河南省第一建筑公司
　　　　　河南省中原建设有限公司
用地面积：34939m²
建筑面积：73657m²
主要用途：住宅
设计时间：2006年5月
竣工时间：2007年1月

该小区基地地势平坦，濒临水岸，自然条件优越，依托水体创造亲水绿地空间，将住宅组群与绿色活动空间融为一体，充分利用自然资源，力求为居民创造既有现代化都市文化生活气息，又可享受大自然田园风光的高品质人文社区。

整个小区住宅面向南侧水面开放，以"天人合一"的生态理念将绿化环境充分融合到每个组团环境中，强调点、线、面多样绿化空间的组合，同时通过水体景观，结合小区主路沿线的绿化处理，形成丰富的绿化形式。再通过宅前宅后的绿地细化处理，与绿化带结合，使该小区真正成为一个亲和自然的居住花园。

该小区住宅户型平面布局以客厅为居住核心，居寝分离、洁污分离。住宅立面采用现代风格，简洁明快、清新淡雅。乳白色及浅黄色粉刷涂料墙面，基座部分配以浅棕色面砖，屋顶局部增加装饰性构架、飘板，共同形成明快活泼的现代社区风格。

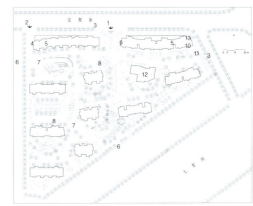

总平面图

1.卧室 2.主卧 3.餐厅 4.厨房 5.阳台 6.客厅 7.储藏 8.水暖

4号楼标准层平面图

1.治安联防室 2.商铺1 3.商铺2 4.商铺3 5.商铺4 6.商铺5 7.商铺6 8.商铺7 9.商铺8 10.门厅

4号楼一层平面图

4号楼南立面图

4号楼剖面图

1.会所 2.门厅 3.配电间 4.管理间 5.居委会 6.商铺

10号楼一层平面图

10号楼偶数层平面图

1.主卧 2.书房 3.卧室 4.餐厅 5.客厅 6.阳台 7.储藏 8.更衣室

10号楼奇数层平面图

10号楼南立面图

10号楼东面图

10号楼剖面图

249

郑东新区
城市设计与建筑设计篇

盛世年华
Prime Age of Prosperity

建设单位：郑州市裕兴置业有限公司
地　　址：黄河东路东、商鼎路北
设计单位：河南纺织设计院
监理单位：河南宏业建设管理有限公司
施工单位：河南省第五建筑有限公司
　　　　　江苏省第一建筑有限公司
用地面积：67845m²
建筑面积：172680m²
主要用途：住宅
设计时间：2006年10月

该小区总体设计体现"尊重自然，以人为本，细微关怀"的设计理念，从满足人的生活方式和日常行为活动为出发点，考虑住户的多层次需求，力求创造一个青春、健康、自然、高尚的花园式居住生活社区。方案设计采用集中绿地与分散的带状、点状绿地及屋顶花园共生的理念，使住户身居小区内具有亲切感和归属感。小区绿化强调绿色植物和水体等自然因素对改善环境质量的生态作用，中心花园设置旱喷泉和水景，充分发挥水体遮荫减尘的作用，中心花园与步行商业街系统相结合，构成步行景观中心，为居民提供便捷舒适安全美观的户外活动空间。

小区规划为南北二区，中部设南亚风情商业街，与客属文化中心遥相呼应。建筑沿周边布置，中部形成大尺度的中心庭院，建筑造型设计采用简洁的现代建筑风格和构图手法，创造现代建筑简洁明快、细致优雅的美感。建筑富有变化的空间形态，以及精致的细部设计，烘托出时尚、高雅的居住氛围。

建筑裙房采用钢筋混凝土框架结构体系，加气混凝土填充墙，高层住宅均采用钢筋混凝土剪力墙结构体系，外墙采用聚苯板外保温设计，饰面以涂料为主，屋面采用CCP保温隔热板。外窗采用中空玻璃彩铝窗，建筑材料选择均考虑节能经济和耐久性的要求。

1.南亚风情商业街
2.幼儿园

总平面图

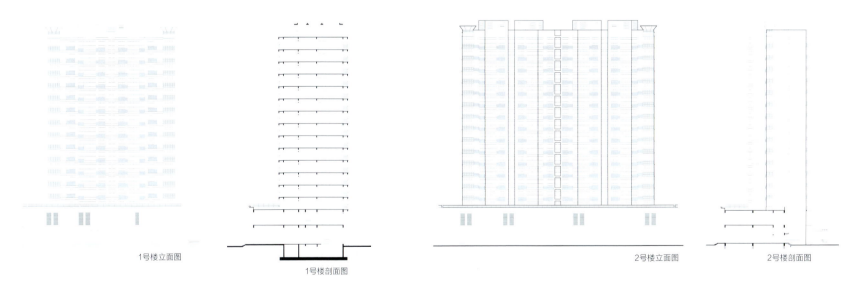

1号楼立面图　　1号楼剖面图　　　　　2号楼立面图　　2号楼剖面图

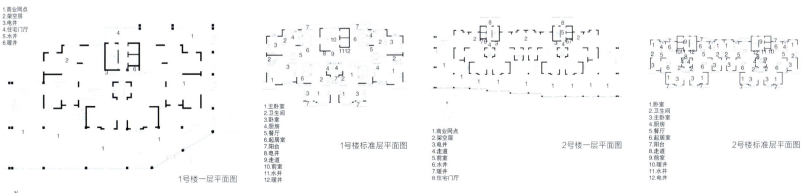

1.商业网点
2.架空层
3.电井
4.住宅门厅
5.水井
6.暖井

1号楼一层平面图

1.主卧室
2.卫生间
3.卧室
4.厨房
5.餐厅
6.起居室
7.阳台
8.电井
9.走道
10.前室
11.水井
12.暖井

1号楼标准层平面图

1.商业网点
2.架空层
3.电井
4.走道
5.前室
6.水井
7.暖井
8.住宅门厅

2号楼一层平面图

1.卧室
2.卫生间
3.主卧室
4.厨房
5.餐厅
6.起居室
7.阳台
8.走道
9.前室
10.前室
11.水井
12.电井

2号楼标准层平面图

建业资园小区
Jianyeziyuan Residential Quarter

建设单位：河南建业住宅集团公司
地　　址：东风东路东、七里河北路北
设计单位：郑州市建筑设计院
施工单位：江苏江都建筑有限公司
　　　　　中建六局三公司
　　　　　中建三局一公司
　　　　　河南第三建筑工程有限公司
　　　　　河南新城建筑有限公司
用地面积：74567.8m²
建筑面积：185440m²
主要用途：住宅
设计时间：2007年6月

该方案是以小高层为主的经济适用房小区，其开发建设理念贯彻"以人为本"的原则，以提高人居环境质量和建设生态型空间环境为规划目标，满足了住宅的舒适性、安全性和经济性。建筑设计上强调现代主义的简约设计风格，传统的建筑元素被加以提炼，同时运用现代的构图手法，创造了一种包含现代建筑的简洁明快又不失古典建筑细致和优雅的、为人们所普遍接受的美感。区域设计上充分利用城市景观的道路和水系，使人工环境和自然环境相协调。方案采用明确的功能分区和组团划分，同时加强居住用地与公建配套设施的空间联系，实现了街区、广场共享的城市概念。行列式的布局实现了户户向南的良好朝向，并采用大片集中绿地、点状绿地共生的理念，使住房均有良好的社会环境与景观，创造出了一种可持续发展的现代生态社区。

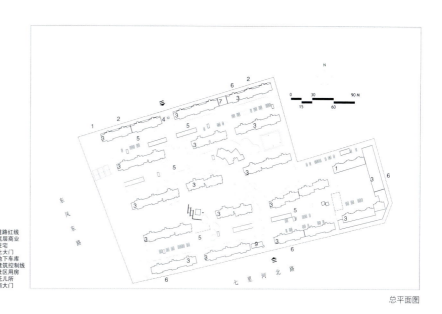

1. 道路红线
2. 底层商业
3. 住宅
4. 北大门
5. 地下车库
6. 建筑控制线
7. 社区用房
8. 托儿所
9. 南大门

总平面图

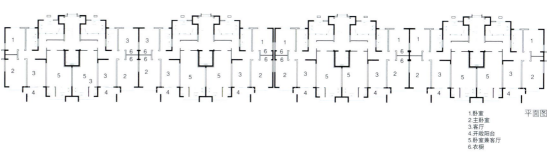

1. 卧室
2. 主卧室
3. 客厅
4. 开敞阳台
5. 卧室兼客厅
6. 衣橱

平面图

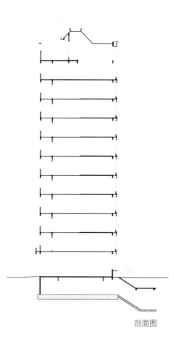

剖面图

立面图

中信嘉苑
CITIC Jiayuan

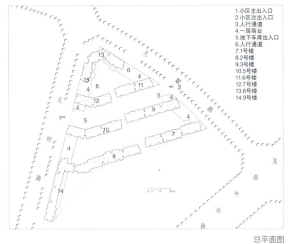

总平面图

建设单位：郑州宏远房地产开发有限公司
地　　址：天时路以东、天赋路以南
设计单位：北京蓝图工程设计有限公司
施工单位：郑州新星建筑安装工程有限公司
用地面积：24437.3m²
建筑面积：39090m²
主要用途：居住
设计时间：2006年6月
竣工时间：2007年12月

该项目依据地块所在城市环境以及中原城市的交通流线与小区用地边界的结合点，理性地确定小区主次入口，进而衍生出高效的路网体系和住宅组团系统。在小区总体布局上，充分考虑到主要居住组团南侧保护区景观，将多层住宅顺地势排列于小区，既有效地满足了日照，又为小区营造出立体向心的整合感，并使得保护区绿地渗透到小区内部。在绿化设计上本着充分利用南侧城市公园的原则，尽量使公园与住区景观融为一体。放射状的小区绿化带散布于各组团内，同时贯通连续的景观设计将各个绿化带串联起来，使之既各有特色又连贯统一。在单体住宅的设计中，项目较多地吸收了北欧民居、商业建筑的多种元素，通过变化组合，创造了双坡屋顶、转角窗等新颖的建筑形象。对住区内景观的营造，设计刻意引入大量的商周元素，充分利用具有商、周时代的图腾符号，使整个小区被赋予了具有地方特色的文化底蕴。

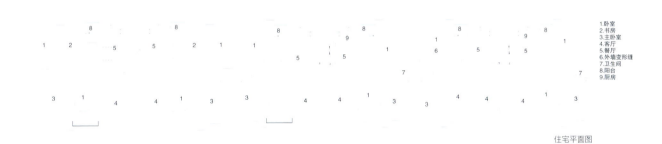

1.卧室
2.书房
3.主卧室
4.客厅
5.餐厅
6.外墙变形缝
7.卫生间
8.阳台
9.厨房

住宅平面图

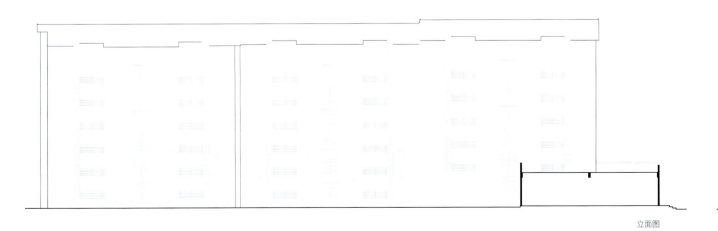
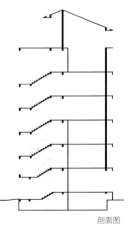

立面图　　　剖面图

民航花园
Civil Aviation Garden

建设单位：河南民航房地产开发有限公司
地　　址：农业路以北、天瑞街以东
设计单位：河南省建筑设计研究院
施工单位：中国建筑一局（集团）有限公司
用地面积：102200m²
建筑面积：163600m²
主要用途：住宅
设计时间：2004年4月
竣工时间：2007年8月

该方案设计服从全区整体定位，体现现代建筑风格，着意强调环境与生态，保证每户都有良好的朝向，提高了居住的舒适度。方案尽可能地实现住宅布局的紧凑简化，并注重立面的转折变化与高低错落。

规划上采用行列式住宅组合的基本形式，使每户都能获得良好的日照和通风条件。整个区域采取"两心、两环、两轴、四片区"的规划结构。两心实现了大片景观中心；两环让小区的交通安全问题得到了解决，使整个区域形成安全、安静的人居环境；两轴使小区内部各个部分有机统一，结构清晰，形成绿化、广场的主轴线；四片区使内部分隔出4个各自相互独立的片区，并形成了各自的景观核心，增强了各个片区的可识别性。整个区域从人文主义思想来体验、思考和把握，从人的生活出发，营造出与生活相契合的居住环境。

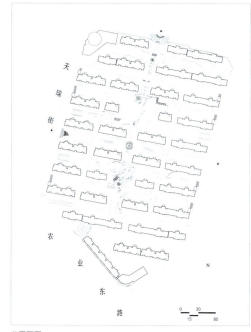

总平面图

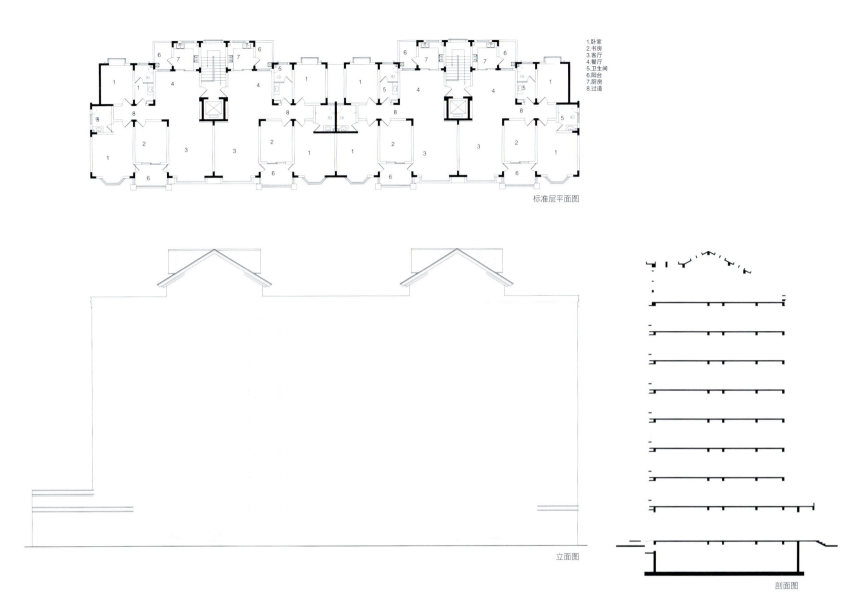

1.卧室
2.书房
3.客厅
4.餐厅
5.卫生间
6.阳台
7.厨房
8.过道

标准层平面图

立面图

剖面图

郑东新区 | 257
城市设计与建筑设计篇

绿城百合公寓
Greentown Lily Apartment

建设单位：河南中州绿城置业投资有限公司
地　　址：农业路北、众意西路东
设计单位：浙江绿城建筑设计有限公司
设计人员：杨忠国、刘娟、勾军彩、李向阳
施工单位：浙江宝业建设集团有限公司
　　　　　浙江耀江建设集团股份有限公司
用地面积：86460m^2
建筑面积：93609m^2
主要用途：住宅
设计时间：2005年6月

方案以小区会所为中心，沿用地周边布置单元式住宅，中心结合绿化点缀住宅，从而达到了建筑形态疏密有致，环境空间共享均好的规划理念。交通设计在充分考虑现代交通工具特点的前提下，以人为本，使其达到安全、畅通、便捷的目标，并做到人车分流，充分保障了居民的出入安全。建筑形式采用传统的四坡顶，形体高低错落，色彩明快大方，整体温馨怡人。环境绿化设计精致、清馨、怡人，以会所为中心，以点带面，会所南面以草坪花卉的软质景观为主，人们可以在这里充分享受到太阳的温暖和自然的气息。北侧以广场、铺地、花台灌木等硬质景观为主，作为主入口的对景，更具城市气息。点式住宅采取架空底层的形式，使整个园区的环境相互渗透，使更多的住户能享受到一种自然和谐、层次分明的小区景观。

1.小区主入口
2.小区步行入口
3.规划地块红线
4.建筑退界限
5.消防通道
6.小区次入口

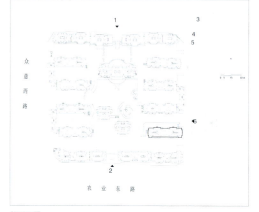

总平面图

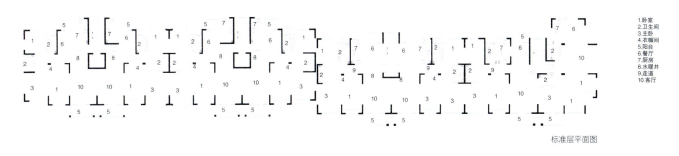

1. 卧室
2. 卫生间
3. 主卧
4. 衣帽间
5. 阳台
6. 餐厅
7. 厨房
8. 水暖井
9. 走道
10. 客厅

标准层平面图

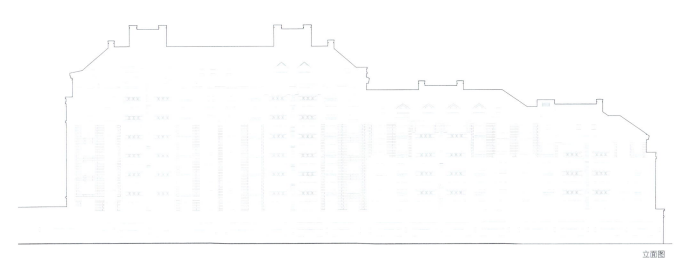

立面图

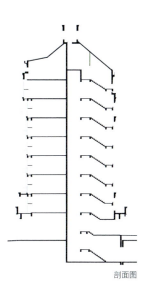

剖面图

顺驰第一大街
Shunchi First Street

建设单位：河南顺驰地产有限公司
地　　址：农业东路以北、九如东路以西
设计单位：郑州市建筑设计院
施工单位：郑州市第一建筑工程有限责任公司
　　　　　河南华盛建筑有限责任公司
用地面积：236200m²
建筑面积：267300m²
主要用途：住宅
设计时间：2005年10月
竣工时间：2007年8月

该项目为中高档高尚住宅区，设计上秉承规划主旨，通过"院落围合—步行街巷体系—微公园"三个空间层次，将传统文化底蕴与现代城市生活融为一体。楼体错落围合成一个个宁静的步行院落单元，是传统空间氛围的基本载体；由步道、小广场组成的街巷体系，将社区中心微公园与每个院落链接成整体生态体系。区块外部轮廓应城市整体要求趋于严整，而内部微公园则利用院落扭转、异型点式布局、折线风情街廊等多重手法，带来江南园林般的丰富情感。这是"外刚内柔"的中原性格在规划与生活空间中的自然流露。运用各种景观手段使项目内部的风情商业街与区内微公园相互借景、融合，在区块之间凝聚人气，营造没有围墙的开放社区氛围。

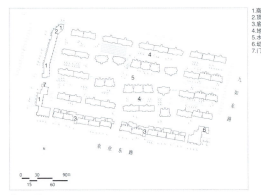

总平面图

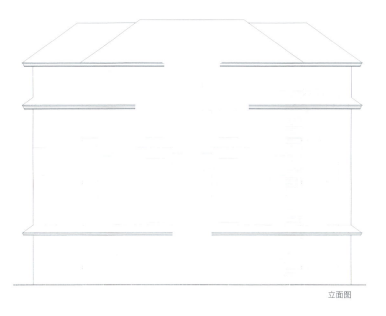

立面图

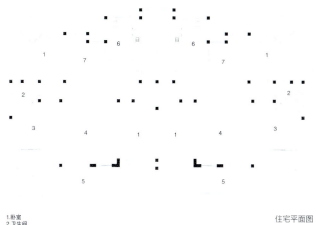

1.卧室
2.卫生间
3.主卧室
4.起居厅
5.阳台
6.中厨
7.西厨

住宅平面图

运河上·郡
County along the Canal

建设单位：郑州中油置业有限公司
地　　址：东风东路以南、如意东路以西
设计单位：机械工业第六设计研究院
设计人员：徐建增　牛飚　汪海洋
施工单位：福建恒忆建设集团有限公司
用地面积：55752.79m²
建筑面积：197234.92m²
主要用途：住宅
设计时间：2006年3月
竣工时间：2007年7月

方案作为一个高档的滨水社区，把景观、绿化系统规划与水的结合作为重点，将"共生的生态社区"和"人性的空间环境"理念贯穿于规划设计的全局过程，充分考虑借景和拟景，同时引用高尔夫果岭的坡地绿化造景手法，体现了小区时尚和健康生活的品位。为尽可能减少道路面积，增加绿地，区内道路交通规划摒弃了通常概念化的人车分流及环形道路等模式，而是结合用地实际，提出了"以人为主，人车结合，减少道路面积"的设计原则和"鱼脊状"的交通系统骨架。总体布局可概括为"两条空间轴+两条商业带+四片景观休闲空间"，两条空间轴营造了"步随景移，情随景移"的空间意境，两条商业带则凝聚了社区人气，四片景观休闲空间更是成了社区内增强邻里交往的共享空间。

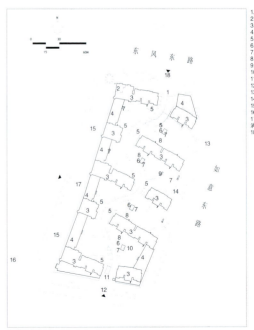

总平面图

1.书房
2.主卧室
3.卧室
4.客厅
5.厨房
6.窗台高0.8m
7.餐厅

户型图

立面图

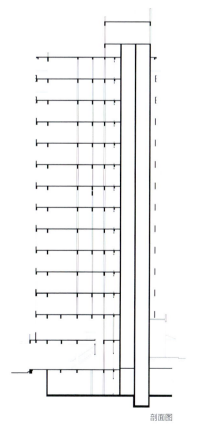

剖面图

郑东新区 | 263
城市设计与建筑设计篇

龙岗新城
Longgang Metro

总平面图

1. 主要车行出入口
2. 主要步行出入口
3. 小学预留用地红线
4. 小学
5. 垃圾站
6. 社区服务中心
7. 半场篮球
8. 羽毛球
9. 幼儿园
10. 幼儿园用地红线（3600m²）
11. 步行街主要出入口
12. 地下车库出入口
13. 次要步行出入口
14. 中心广场

建设单位：郑州市金水区东区建设领导小组
地　　址：金水东路以北、东四环以东
设计单位：天津市天友建筑设计有限公司
施工单位：江苏省第一建筑安装有限公司
　　　　　盐城市天虹建设集团有限公司
用地面积：336954m²
建筑面积：519943m²
主要用途：居住
设计时间：2006年8月

方案用地以东为大片城市绿地，用户可以轻松取得良好的绿化环境。本案利用此优势着重以创造良好的小区环境为设计重心。在小区中引入了一条中心绿化景观带，贯穿小区始终，绿化带上均匀分布7个大型景观点，设计了包括水景、雕塑、廊架等在内的多个休闲区域。楼间空地是人们最常使用的空间，方案把它处理为绿化和硬质铺地相结合的小庭院，既提供了优质的景观，还创造了人们活动的空间。采用错落的布局方式打破了楼与楼之间的单一的军营式布局，使其相互围合成一个个的小型私密性广场，创造出一种家的围合感觉。

1.厨房
2.卧室
3.客厅
4.主卧
5.阳台

平面图

立面图

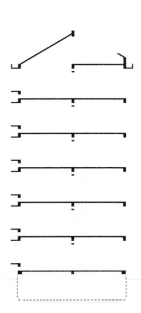

剖面图

7 市政基础设施
Municipal Infrastructure

郑东新区电网运检基地
Power Grid Operation and Testing Base in Zhengdong New District

郑州电信枢纽楼
Zhengzhou Telecommunication Hub

郑东新区电网运检基地
Power Grid Operation and
Testing Base in
Zhengdong New District

建设单位：郑州市电业局
地　　址：众旺路以西、金水东路以北
设计单位：天津天友建筑设计有限公司
施工单位：郑州祥和电力建设开发有限公司
用地面积：91224m²
建筑面积：101483.77m²
主要用途：办公
设计时间：2006年11月

　　项目结合郑东新区的地形特点，科学合理地利用每一寸规划用地。在核心区合理、科学地规划各种功能不同的建筑，在全面满足项目特殊要求的前提下，在规划上统筹安排各项建设项目，并在建筑周围配备活动广场、景观、喷泉等一系列综合性城市功能。规划设计中用现代建筑语言、科技材料来体现独特建筑形体的特点，同时与郑东新区的总体规划和理念相吻合，体现了先进的规划理念。

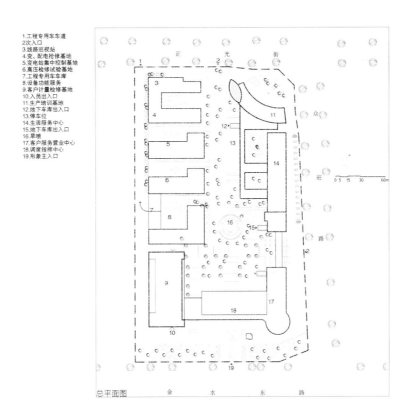

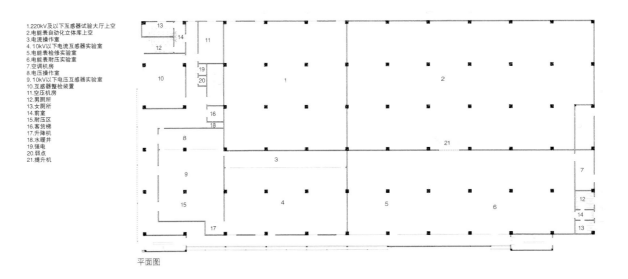

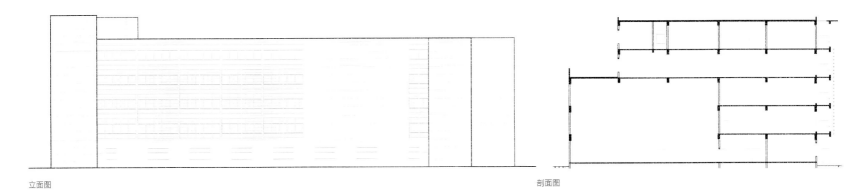

郑州电信枢纽楼
Zhengzhou Telecommunication Hub

建设单位：中国电信集团公司郑州电信分公司
地　　址：金水东路以南，民生路以东
设计单位：中讯邮电咨询设计院
设计人员：林新玲、卢俊安
施工单位：河南六建建筑集团有限公司
用地面积：总用地面积 36405.834m²
建筑面积：方案建筑面积 18210m²
设计时间：
竣工时间：2005年12月25日

本项目为地上5层、地下1层，建筑主体高度低于24m的多层建筑。该方案造型简洁大方，整体性好。利用轻巧现代的室外机平台和立面的体块划分，给建筑带来清新的形式，不仅使建筑显得有力度而且造型丰富，显示独特的通信建筑个性。开设小面积带型窗，减少冷（热）量的损失，降低日常运营维护费用。立面上采用类似底层架空处理，结合中部大气的线条，精心雕琢的细部，顶部的退台设计，不仅良好地适应了功能要求，并且优美的比例和经典的手法使建筑显现的更为现代。

1.沿街景观绿化带
2.综合生产楼（一期）
3.综合生产楼（二期）
4.地下车库边线
5.次入口
6.大草坪
7.地下车库入口
8.专家公寓楼（三期）
9.过街楼
10.篮球场
11.电信用户服务大楼大厦（电信机房房楼）
12.备用油机综合用房
13.主入口

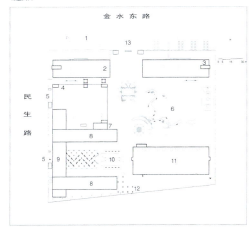

总平面图

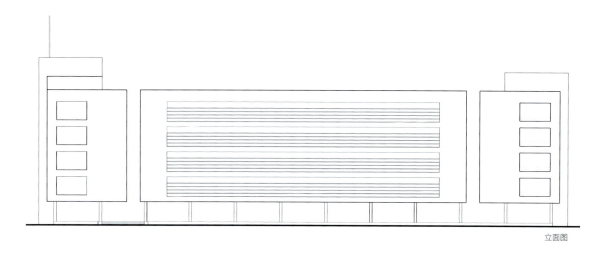

立面图

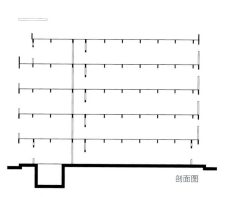

剖面图

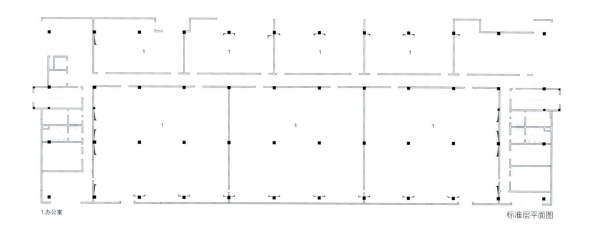

1.办公室　　　　　　　　　　　　　　　　　　　　　　　标准层平面图

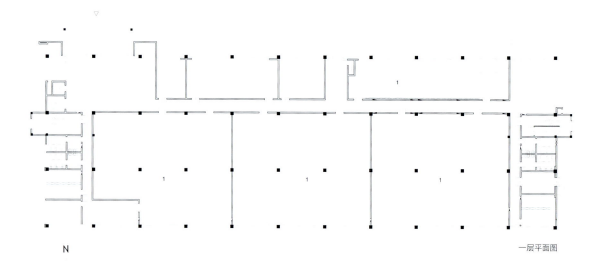

N　　　　　　　　　　　　　　　　　　　　　　　　一层平面图

1.办公室

后记
Postscript

　　城市设计与建筑设计是规划设计领域最微观、最基础的层次，相对于城市规划，城市设计更注重行体艺术和人的知觉心理，也正因为此，城市设计和建筑设计直接关系到居民的空间感受和生活环境。

　　在我国目前的规划编制体系中，城市设计与建筑设计的法定地位尚未真正确立，这也导致了"建设性破坏"现象的普遍存在。随着现代社会对城市环境品质的要求越来越高，宏观层面的法定规划越来越需要微观层面的城市设计来保证和提高其设计质量。

　　为更好的落实黑川纪章的规划方案，保障郑东新区建设成为独具魅力的城市新区，其规划建设从一开始就对城市设计与建筑设计给予了高度重视。在这几年的时间里，东区的每栋建筑，每座桥梁、每条道路，甚至一花、一草、一盏路灯，无不倾注了设计师的理想与智慧，融合了专家的殷切关怀和真挚建议。

　　《郑东新区城市设计与建筑设计篇》作为《郑州市郑东新区城市规划与建筑设计》系列丛书中的重要组成部分，详细介绍了商务中央区以外区域的城市设计与建筑设计，涵盖了河流景观、道路景观、行政办公、教育研究机构、商业金融、文化娱乐以及住宅等多种城市功能区的设计成果。旨在细致的向读者展示郑东新区的城市建设细节，以期使读者见证新区一步步的成长和发展历程，同时也使读者对身边的城市建设细节有所体会。